엄마,
세상 밖으로
나가다

엄마, 세상 밖으로 나가다

발행일	2018년 4월 13일			
지은이	홍 보 라			
펴낸이	손 형 국			
펴낸곳	(주)북랩			
편집인	선일영	편집	오경진, 권혁신, 최예은, 최승헌	
디자인	이현수, 김민하, 한수희, 김윤주, 허지혜	제작	박기성, 황동현, 구성우, 정성배	
마케팅	김회란, 박진관, 유한호			
출판등록	2004. 12. 1(제2012-000051호)			
주소	서울시 금천구 가산디지털 1로 168, 우림라이온스밸리 B동 B113, 114호			
홈페이지	www.book.co.kr			
전화번호	(02)2026-5777	팩스	(02)2026-5747	
ISBN	979-11-6299-058-2 03590 (종이책) 979-11-6299-059-9 05590 (전자책)			

이 도서의 국립중앙도서관 출판예정도서목록(CIP)은 서지정보유통지원시스템 홈페이지(http://seoji.nl.go.kr)
와 국가자료공동목록시스템(http://www.nl.go.kr/kolisnet)에서 이용하실 수 있습니다.
(CIP제어번호: CIP2018010881)

(주)북랩 성공출판의 파트너

북랩 홈페이지와 패밀리 사이트에서 다양한 출판 솔루션을 만나 보세요!

홈페이지 book.co.kr   •   **블로그** blog.naver.com/essaybook   •   **원고모집** book@book.co.kr

엄마,
세상 밖으로
나가다

올바른 육아의 돌파구는
엄미의 자존감 성장에서 찾을 수 있다

오늘은 옆집 엄마 안 만나고,
꿈 찾으러 간다

홍보라 ㅣ 지음

북랩 book Lab

"엄마, 엄만 꿈이 뭐야?"
"엄마는 나중에 말이야……."
"아니, 나중 말고 지금 꿈이 뭐냐고."

아이가 묻는다.
지금 엄마의 꿈이 뭐냐고 말이다.

바로 대답할 수 있는 엄마의 꿈 찾기,
이제 시작이다.

일상생활에 지쳐 현실 도피로 결혼을 하고 아이를 낳았다. 엄마가 될 준비를 출산용품으로만 했다. 큰아이의 예방접종을 하러 소아과에 갔을 때 내 이름 대신 아이 이름을 부르는 순간 선뜻 대답하지 못했다. 막상 아이가 태어나니 엄마가 된 나 자신을 쉽게 받아들이지 못했고, 끌려가듯이 아이를 키우기 시작했다. 엄마가 되기 전에 왜 아무도 나에게 엄마의 삶을 이야기해주지 않았을까. "애 키우기 힘들지?"라는 위로가 경제적인 부분만이 아니었다는 것을 뒤늦게야 알게됐다. 나라는 존재는 사라지고 아이에게 올인(All in)하는 삶이 계속되었을 때 아이를 사랑하는 마음보다 미워하는 마음이 더 커졌다. 그 죄책감으로 밤마다 잠자는 아이의 등에 대고 사과하며 잠이 들었다. 광기를 부리며 욱하는 내 모습에 화가 났고, 바뀌지 않는 상황에 어찌할까 몰라 자책만 하다 나와 가족들을 위해 닥치는 대로 육아 관련 서적을 읽기 시작했다. 하지만 많은 육아서를 읽어도 그 효과는 오래가지 못했다. 오히려 좋은 엄마, 착한 엄마라는 틀에 어긋나는 내 모습에 자책하고, 끝이 없어 보이는 육아의 부담감에 모든 것을 내려놓고 싶어졌다. 문제의 원인을 내가 아닌 다른 곳에 있다고 생각하며 남 탓만 했다. 육아를 하면서 외면하고 인정하기 싫었던 내 안의 문제점들이 자꾸 내 앞에 나타나 똑바로 보라고 하는 것처럼 느껴졌다. 솔직히 말해서, 그때는 노망 나니기에 급급했다. 그러다 우연히 보게 된 책에서 내 안에 있는 상처받은 아이를 다독여 주라는 구절을 읽었다. 혹시나 이 불행한 삶의 연속이 나 자신을 온전히 받아들이지 않고 사랑하지 않아서였던 것은 아닐까?라는 생각에 내적 치유에 대해 다룬 책들을 읽기 시작했다.

따분하고 지루했던 그동안의 시간은 다시 책을 읽기 시작하면서 서서히 변화하기 시작했다. 책을 읽는 분야가 넓어졌고 가슴속에 채워지는 알 수 없는 것들에 의해 독서를 빌미로 세상 밖으로 나가고 싶어졌다. 사람들과 소통했고, 모임의 리더가 되면서 잠시 잊고 지냈던 나 자신을 만나고 찾을 수 있었다.

이후 나는 밖에서 긍정의 에너지를 충전하고 집으로 돌아오는 날에는 조금 더 여유롭게 아이들의 마음을 진정으로 읽어주는, 노력하지 않아도 자연스럽게 육아를 충실히 하는 엄마가 되어 있었다. 밖으로 돌아다닐 때 내 자존감은 솟아올랐고 긍정의 에너지가 열정의 미덕을 일으켰다. 그 열정은 앞으로 살아갈 남은 인생을 엄마만이 아닌 사회적 존재로도 살아갈 수 있도록 다독여 주었다.

행복해져야 한다는 주문을 걸으면 오랫동안 행복하지 못했다. 아이들에게 잘해줘야지 마음을 먹으면 더 화가 났다. 내가 좋아하는 것을 알아가고, 나라는 사람이 어떤 사람인지 알게 되면서 의식하지 않아도 자연스럽게 행복한 시간을 보내게 되었다. 아이들과 장난도 치는 엄마로 조금씩 바뀌어 갔다. 아마도 내가 나 자신을 사랑하게 되면서 이런 변화가 일어난 것이라 생각한다. 화를 내는 감정 또한 나라고 받아들이며 나를 사랑했고 인정했다. 애쓰지 않았고 많이 내려놓았다. 세상 밖으로 나와 사람들과 어울리면서, 이젠 함께 살아가는 삶의 에너지를 다른 누군가에게도 주고 싶어졌다. 잘하고 싶지만 잘되지 않는 엄마라는 직업에 회의감을 느끼는 엄마, 행복보다 불행한 삶을 살아가고 있는 것이 내 탓인 미냥 죄책감을 느끼는 엄마. 평범하게 두 아이를 키우는 엄마가 세상의 많은 엄마와 소통하기 위해 책을 썼다. 여러분도 함께했으면 좋겠다. 이 책이 한 분에게라도 희망의 길이 되길 간절히 바라본다.

2018년 3월 어느 날
홍보라

엄마, 세상 밖으로 나가다

차례

제3장

사람을 만나다

제 1 장

육아에 목을 매다

어릴 적의 애착 형성이 아이의 인성에 큰 영향을 미친다고 한다. 어떤 엄마 밑에서 자랐는지에 따라 아이의 성격과 행동, 뇌에까지 영향을 줄 수 있다는 이야기가 넘쳐 난다. 그런 이야기를 들으면 힘이 빠진다. 엄마가 잘해야 한다고 한다. 책, TV 등 다양한 매체에서 알려주는 지식, 정보에서는 엄마 책임이라고 해답을 준다. 아니, 왜? 만날 엄마 보고 이렇게 해라 저렇게 하라 하는 거야? 반항해 봤자 소용없다. 엄마의 본업은 육아! 사랑하는 아이의 올바른 인격 형성을 위해 오늘도 우린 육아에 목을 맨다.

엄마로 살기

큰아이가 41주 3일 만에 제왕절개로 세상 밖으로 나왔다. 3일을 굶으며 유도제를 맞았다. 유도제를 맞을 때만 진통이 오고, 저녁 6시에 약을 끊으면 배만 나온 평범한 여자로 돌아왔다. 유도제는 계속 맞을 수 있는 약이 아니라고 한다. 유도분만 3일째 되던 날 자궁 열림은 2.5㎝에 이르렀고 아이는 의사의 손을 빌려 세상에 나와 내 어깨 위에 얼굴을 내밀며 울기 시작했다. 비로소 엄마가 된 것이다. 엄마가 되었다! 세상 다 가진 행복함과 설렘은 아이의 울음소리조차도 고운 노랫소리로 바뀌 들리게 했다.

조리원에서 2주간 조리를 하고 집으로 돌아왔다. 이제 오로지 혼자서 아이를 돌봐야 했다. 집에서의 첫날, 아이는 깊은 잠을 자지 못하고 계속 울었다. 『베이비 위스퍼 골드』에서는 시간마다 젖을 주고 기저귀 가는 시간과 횟수를 꼼꼼히 적으라고 알려줬다. 젖을 자주 찾으면 주지 말고 젖 먹이는 시간을 늘리라고 책 선배님이 알려주셨지만, 혼란스러웠다. 아이에게 젖 주고 젖은 기저귀를 갈아주면 아이가 잘 자고 잘 놀 것이라 단순히 생각했던 나는 수능이며 취업이 하나도 힘들었던 게 아니라는 생각과 엄마라는 삶의 시작이 범상치 않다는 걸 하루 이틀의 경험으로 어느 정도 감이 오기 시작했다. 백일의 기적은 진짜 오는 걸까? 백일의 기적은 오지 않았다. 잘못된 모유 수유로 배가 고픈 아이는 밤새 잠을 못 자고 울고 예민하고 까칠한 아기로 자라고 있었다. 아이의 움직임에 잠에서 깬 나는 윗도리가 목까지 올라가 양쪽 젖이 다 나온 상태로 기상했다. 옷을 추스르고 머리를 질끈 묶고 영어 동요 CD를 틀어놓은 채로 이유식을 먹일 준비를 했다. 아이는 입에 맞질 않는지 입을 잘 벌리지 않고 뱉어냈다. 어제랑 같은 이유식을 줘서 그런가? 바닥에 흘린 음식을 줍다가 소고기 덩어리는 아까워 내가 먹었다. 세탁기를 돌리고 기어 다니는 아이를 위해 집을 청소했다. 벌써 점심 먹을 시간이다. 국에 밥을 말아 김치와 함께 맛있는 아점(아침 겸 점심)을 먹었다. 이제 아이가 낮잠 잘 시간이다. 아기 띠를 하고 몸을 흔들면서 자장가를 부르며 아기를 재웠다. 아기를 방에 눕히고 안방 문이 혹시라도 열릴까 봐 꾹 잡아당겨 방문이 닫혔는지 확인했다. 이제 내 세상이다. 일단 기저귀를 주문하고 물티슈는 이번에 새로운 제품으로 바꿔 볼까 후기를 정독했다. 참, 이유식을 만들어야 하잖아! 아이가 깨기 전에 이유식을 해놔야 하니, 다지고 끓여서 아침에 먹은 이유식과 다른 이유식을 용기에 나눠 담고 냉동실에 넣었다. 한숨 돌린 후 커피 믹스 한잔을 탔다. 세상에, 커피 한 모금에 뭐가 들어갔는지 삼키는 순간 몸이 나른해지고 평온함이 찾아왔다. 한숨 잘까 싶어 아이 옆에 누웠다. 잠이 들려는 순간 아이가 뒤척인다. 망했다. 졸음이 밀려오는데 애가 깼다. 토닥토닥. 자장가를 불러주는데 아이의 눈이 더 커지고 또랑또랑해졌다. 안방 문을 열고 거실로 나가는 아이의 뒷모습에 피곤함이 가득한 내 몸은 한 번에 일어나지 못했다. 졸린다. 딱 한 시간만 자고 싶은 나른

한 오후다. 눈을 비비고 거실로 나와 책을 읽어주니 오후 3시다. 동네를 한 바퀴 산책하러 나갔다 들어왔다.

하는 거 없이 왜 이리 피곤하지. 아직 목욕이 남았네. 얼른 씻겨 재워야 내가 살 것 같다.

밤 9시, 아이를 재우면서 같이 자지 않으려고 눈을 부릅뜨고 정신을 놓지 않으려 애썼다. 성공이다. 아이를 겨우 재운 후 신랑과 함께 야식을 시켜 먹고 12시쯤 잠자리에 들었다. 블로그(Blog)에 사진도 올리고 인터넷 검색도 하다 보니 시각이 1시가 다 되어 간다. 얼른 잠자리에 누웠다. 잠든 지 30분 정도 지날 때쯤 우는 아이에게 젖을 물렸다. 몇 번씩 젖을 주다 보니 아침이 밝아왔다. 분명히 잠을 잔 것 같은데도 피곤하다.

아이가 어린이집에 가기 전까지 내 삶은 저렇게 쳇바퀴 돌듯 똑같았다. 아이 친구 집에 놀러 간 날 그 집 엄마와 하루의 생활을 이야기하고 나니 내 집에서 일어난 일들이 앞집에서도 일어나고 옆집에서도 일어나고 있다는 걸 알게 되어 웃음이 났다. 엄마가 되면 다 겪는 것이라지만, 우리는 서로 만날 때마다 누가 더 힘든지 불행 배틀을 시작했고 끝도 없이 이를 되풀이했다.

첫 아이와 둘째 아이는 4살 터울이다. 첫 아이를 키우며 힘들었던 생각에 둘째 아이를 낳고 싶어도 겁이 났다.

더 늦으면 안 되겠다 싶어 둘째 아이를 낳고 아이 둘을 키우는 삶에 적응하려 애썼다. 그 과정은 위에서 말한 새로운 세상의 경험에 곱절은 되는 '엄마의 삶'이었다. 챙겨야 할 아이가 두 명이다 보니 신경도 두 배로 쓰였다. 친정을 가는 날이었다. 한 손으로 캐리어를 끌고 다른 한 손은 큰아이의 손을 잡고 어깨에는 가방을 메고 아기 띠 안에 작은아이를 업은 채로 기차역으로 갔다. 남의 손을 빌리지 않고 아이며 짐이며 다 수용할 수 있는 슈퍼우먼이 되어 친정으로 향했다. 기차를 타러 가면 나 같은 엄마들이 많다. 존경스럽다. 우리가 어떤 책임감으로 엄마의 일을 해내는지, 해보지 않은 사람들은 모를 것이다. 많은 사람이 엄마로서의 일은 아무런 지위도 없고 성적 매력도 없는 일이라고, 전문적인 직업을 가질 것이 아니라면 집에서 아이를 전적으로 키우는 것이 집안 경제에 더 큰 도움이 된다고 이야기한다. 전업주부는 가정과 일을 동시에 책임지는 것이 아니기 때문에 워킹맘(working mom)에 비교해 편하지 않을까에 대해 의문을 던질 수도 있다. 전업주부든 워킹맘이든, 엄마로 사는 것은 힘들고 위대한 일이다.

아이가 어릴수록 엄마들의 헌신과 사랑은 말로 표현할 수 없다. 엄마가 되어 살아보니 내 아이보다 더 나이가 많은 아이들의 선배 엄마들이 위대해 보였다. 두 아이를 어엿하게 성인으로 다 키워 놓은 엄마들이 부러웠다. 마트에서 보는 엄마, 길거리에서 마주친 엄마를 쳐다보다 저 엄마들도 나와 비슷한 삶을 살아가는구나, 특별할 것 없는 하루의 일상을 보내는구나 싶었다. 엄마로 사는 삶. 삶의 순리대로 결혼하고 임신하면 엄마가 된다고만 생각했던 나에게 직접 겪는 엄마로서의 삶은 인생의 쓴맛과 단맛을 하루에도 몇 번씩 맛보게 하는 시간임을 알게 되었다. 아이가 예뻤다가 미웠다가도 한다. 나는 내 현재 상황을 부정하고 싶었다. 하지만 언제까지 엄마로서 사는 현재의 삶을 원망만 하고 후회만 할 순 없었다. 아이들이 하루하루 커가고 있는데, 인정하지 않고 받아들이지 않으면 어떻게 할 것인가? 아이를 인정하고 순응해야 할 삶의 한 부분이라 생각하며 마음을 고쳐먹고 삶의 태도를 바꿔야겠다고 다짐했다. 엄마의 삶을 살아가는 것이 하찮은 삶이 아니라고 여기고 싶었고 그렇게 살고 싶지 않았다.

『엄마 명상』을 쓴 재클린 크리머(Jacqueline Kramer)는 "엄마의 삶을 살아가는 것은 하나의 영적 수행, 자아 탐구의 시간이다."라고 말했다. 통찰력, 중용, 사랑, 인내, 끈기, 배려, 이해 등 나열하기 힘들 정도로 많은 것들이 몸에 배어 사회에 나갔을 때 비로소 성장한 인격체의 나 자신을 만날 수 있게 된다는 것이다. 아이의 마음을 헤아려 주며 사람에 대한 이해와 타인의 배려를 수행하고 아이에게 사랑을 베풀어 주면서 사랑하는 법과 아이의 사랑을 받으며 사랑받는 존재가 되는 것이다. 세상에서 제일 내 마음대로 안 되는 것이 아이 키우는 것이지 않을까? 그래도 누워만 있던 인격체를 먹이고 키우면서 혼자 스스로 걷고 생각하는 인격체로 만드는 엄마라는 직업이 위대하다는 걸 아이들이 엄마에게 알려준다. 힘들어도 엄마여야만 느낄 수 있는 행복과 감정을 아이들이 전해 주기 때문에 '엄마'의 삶을 살아갈 이유가 충분하다.

엄마로 사는 것은, 개인의 성장과 사회의 발전에 기여하는 아주 큰 일임이 틀림없다.

아이들도 언젠가는 엄마 품을 떠날 것이다. 성인이 되는 20살을 기준으로 봤을 때 10살까지만 키워 놓아도 반은 키워 놓았으니 얼마 남지 않았다. 그중에서도 엄마의 삶에 집중적으로 전념할 때는 아이가 학교 가기 전까지의 기간이 아닐까? 아이와 함께 살아가는 엄마라는 직업은 내 본업일 것이고 거부할 수노 없다. 갑자기 그만두고 싶다고 그만둘 수 있는 것이 아니다. 엄마의 삶을 불행 배틀의 소재로만 삼지 말고 우리가 엄마로 보내는 시간이 진정한 가치를 깨닫게 해주는 시간이라는 것을 잊지 말자. 오늘, 나도 집으로 돌아온 아이들에게 밖에서의 내 모습과 달리 엄마 모드로 변신하여 오늘 잘 놀았니? 뭐 먹었어? 배고파?라고 말하며 관심의 능력과 상냥함의 능력을 쌓는 수행의 시간을 보내야겠다.

　엄마의 삶. 엄마의 길은 몹시 쓰면서도 달콤한 일이다. 오늘은 우리에게 달콤한 일이 더 많아지길 바라본다.

잃어버린
내 인생

큰아이의 접종을 위해 소아과에 갔다. "도희 엄마 어디 계세요? 문진표 작성해 주세요." 나는 나를 부르는지 몰랐다. 나는 홍보라라는 이름이 익숙했다. 도희 엄마이면서 홍보라이지만, 익숙하지 않은 도희 엄마라는 나의 또 다른 이름이 내 이름이 아닌 것 같았다. 우리 시어머니는 나를 "도희야."라고 부르신다. 아이 친구 엄마들과 만났을 때 도희라고 부르는 경우도 있었다. 엄마가 되면 우린 당연히 누구누구의 엄마가 되는 게 맞다. 아이를 낳으면서 엄마 이름 세 글자는 잘 듣지 못한다. 아이 친구 엄마의 전화번호를 저장할 때도 엄마 이름으로 저장하지 않고 ○○ 엄마로 저장하지 않는가? 의미를 부여하지 않으면 별로 큰 문제가 되지 않을 수도 있는 일이지만, 나를 부르는 이름조차도 나를 잃어버리게 하는 것 같이 느껴진다.

나는 몇 년 전만 해도 IT 업계의 연구원으로 남자들 틈에서 일하며 살았다. 휴대폰을 개발하는 회사였는데, 전문가로서 일하며 인정받았다. 내 명함이 있었고 거래처 사람들을 만날 때마다 명함을 내밀며 나를 소개했다. 프로그래밍을 하며 약속한 기일 안에 프로젝트를 완성해서 일을 마무리하다 보니, 자정이 넘은 시간이 되어 집으로 갈 때 모범택시를 타고 집으로 가는 경우도 잦았다. 가끔 호텔의 와인 뷔페에서 친구들과 술 한잔도 하고, 점심을 먹고 나서는 스타벅스 커피를 한 잔 사서 먹는 전형적인 일하는 여성으로 도시의 사치를 부리며 4년 동안 전문직 여성으로 살아왔다. 그러나 결혼 후에 바로 생긴 아이는 신혼 생활 없이 1년 후에 나를 엄마로 만들어 주었다. 아이의 스케줄에 맞추어 하루를 보내다 보니 세수할 시간, 머리를 감을 시간도 없었다. 몸도, 마음도 찝찝했다.

나는 어릴 때부터 살이 잘 찌는 체질이었다. 친가 쪽 형제, 사촌들을 보면 속된말로 다들 한 덩치 하는 체형이다. 키도 크고 몸도 크다. 아빠의 얼굴, 몸을 쏙 빼닮은 나는 다시 태어나야지만 작고 왜소한 여자로 살 수 있다고 생각했다.

성인이 되면서 입에 다이어트 중이라는 말을 달고 살았다. 음식을 조절하고 운동을 하며 긴장해야지만 살이 더 찌지 않고 자신감 있게 걸어 다닐 수 있었다. 그러다 임신 후 초기 유산기가 있어 병원에 입원했다. 병실에 누워있어야만 했던지라, 딱히 할 게 없었다. '먹는 입덧'이라는 말을 들어보았을 것이다. 먹지 않고 속이 비면 입덧이 심해지는 입덧, 나는 먹는 입덧을 했다. 입덧을 하면 많이 먹지 않아 살이 빠질 수 있겠다 싶었지만, 먹는 입덧으로 인해 빵을 입에 달고 살았다. 새콤달콤을 입에 꼭 물고 있었고, 밥보다 군것질을 많이 하면서 살에 대한 긴장감은 없어졌다. '아이를 뱃속에 건강하게 키우는 게 먼저니깐, 살은 모유 수유하면 빠진다잖아.' 스스로를 합리화하고 세뇌시키면서 임신 기간을 보냈다. 그렇게 체중이 25kg 정도 늘어난 상태에서 아이를 낳았다. 사람들은 출산 후에도 나를 보면서 언제 아기를 낳느냐고 묻는 일이 허다했다. 살이 찌면서 자신감은 없어지고 나에 대한 자존감도 바닥을 쳤다. 모유 수유를 하면서 임신 때 찐 살이 5kg만 남고 빠졌지만, 불규칙한 식사와 야식으로 다시 몸이 불어났다. 가슴은 젖으로 가득 차 땡땡해지니 부끄러워 상체를 당당히 펴지 못했고 살이 찐 내 몸도 불편해졌다. 내가 아닌 것 같았다.

그런데 현재의 내 몸을 알고 이대로는 안 되겠다 싶어도, 운동할 시간이 어디 있겠는가? 아무리 식이 요법을 하며 살을 뺀다고 해도 운동 없이 하는 다이어트는 오래가지 못했고 몸의 피곤함은 더 커져만 갔다. 외출 시엔 고무줄 치마바지를 찾았고, 긴 티에 쫄바지가 내가 가장 많이 신경을 쓴 외출복이 되었다. 아이 쇼핑을 하며 늘 루즈핏 티셔츠를 검색하고 잘 늘어나는 레깅스를 골랐다. 결혼 전과 달라진 나는 나를 잃어버린 것 같아 무기력함에 빠졌다. 어린아이를 키우며 혼자만의 시간을 바라는 것은 사치라고 한다. 아이를 낳기 전에는 조용하고 혼자가 익숙했던 나는 혼자만의 시간이 필요했던 것이다. 그것이 충족되지 않으면서 육아에 불만을 가지며 인정하지 않았던 시간이 계속되었다. 아이를 낳고 만나는 어른마다 내게 묻곤 했다.

"아이 키우기 힘들지? 그 시간 금방 가. 그때가 제일 행복할 때야."

결혼하기 전에는 아이 키우기 힘들다는 말을 이렇게 해석했다. '아이를 키울 때 돈이 많이 들기 때문에 키우기 힘들다고 하는 거구나.' '하나는 외로운데 둘은 낳아야 할 것 같아. 근데 아이 키우기 힘들다는데 하나만 낳을까?'라고 생각했던 처녀가 결혼 후 아이 키우기 힘들다는 말이 경제적인 부분뿐만 아니라 정신적·육체적인 모든 부분이 포함된 말이라는 걸 몸소 겪으며 알게 되었다. 엄마가 되어 보지 않으면 모른다. 같은 38살이라고 해도 엄마인 사람과 엄마가 아닌 사람은 삶을 대하는 자세가 다르다고 본다. 인생의 선배님인 것이다.

아이를 낳은 후, 항상 어딘가에 얽매여 있는 삶이 익숙해지면서도 불편했다. 나는 누구지? 결혼하기 전의 나의 모습을 계속 들춰보게 되었다. 싸이월드에 있던 젊고 예뻤던 내 사진들을 가지고 와 메신저의 프로필 사진으로 올려놓고 그때의 나의 모습을 본 이웃들의 "야! 너무 예뻤네. 진짜 너 맞아? 저 때 저랬구나!"라는 말에 내가 살아 있음을 느끼고 행복감을 느꼈다. '그래. 나 원래 저런 여자였잖아. 지금 아이 키우느라 안 꾸며서 그렇지, 나 잘나갔는데…….' 혼자 스스로를 위로하며 힘을 냈다. 과거를 회상하며 현재의 나를 위로했다.

아, 왜 글을 쓰면서도 슬플까? 아는 사람들은 알 것이다. 내가 왜 슬픈 마음이 살짝 들었는지를. '둘째 아이가 어린이집에 다니면 내가 다시 태어날 거야. 두고 봐. 살만 안 쪘어도 내가 육아에 확 집중할 수 있었을 텐데, 잃어버린 나를 찾고 싶어! 나 다시 태어날 거야!' 의지가 없어서 일수도 있지만, 10년 동안 되풀이된 이야기다.

신랑이 회사 가는 것이 부러웠다. 어딘가 매일 갈 곳이 있다는 게 부럽다니. 아침에 눈을 뜨면 똑같은 하루를 보내는 것은 신랑과 내가 다를 것이 없었지만, 출근하는 신랑은 살아있음을 느끼겠다고 생각했다. 신랑이 일 때문에 힘들고 상사의 눈치를 보는 것은 생각하지 못하고, '저 인간은 신발 신고 집을 나갈 수 있다니 얼마나 좋을까. 아. 나도 일하러 나가고 싶다. 일 좀 하다 들어오면 어떤 기분일까?' 라고만 생각했다. 워킹맘(Working mom)의 비애는 생각하지 못하고 온전히 나 자신의 현실만 부정한 것이다. 그래서 신랑이 퇴근하고 집에 왔을 때는 "온종일 아이를 보느라 힘들었어. 그러니깐 자기가 애 좀 봐."라는 말을 항상 했다. 신랑이 밖에서 돈 버는 사람이니 잘해주라는 친정엄마의 말이 떠올랐지만, '내가 힘든데 신랑까지 잘해줘야 해? 애를 혼자 낳은 건 아니니깐 같이 힘들어야지.'라는 생각뿐이었다. 신랑이 퇴근해야 씻기라도 하고 큰 볼일도 시원하게 볼 수 있으니 나는 오직 '나만 힘들어~. 내가 제일 힘들어~.' 하며 신랑을 탓했다. 신랑이 회식을 하고 온다는 날은 아침부터 기운이 없었다. '오늘은 아이를 일찍 재워야 내 시간이 생기겠구나.' 하며 작전에 돌입했고, 성공하지 못한 날은 밤새 신랑이 들어오길 기다렸다가 잔소리를 하고 잠을 자야 그나마 속이 시원했다. 신발 신고 매일 갈 수 있는 곳이 없는 엄마, 아니, 내가 살아있다는 것을 육아가 아닌 다른 것으로 채워져야지만 나 자신을 느낄 수 있는 나 같은 엄마들은 신랑이 제일 부러웠을 것이다. 이렇게 보니 신랑이 제일 큰 피해자인 거 같기도 하다.

육체적·정신적으로 변한 여자는 엄마가 되고 자신의 삶을 잃어버렸다고 생각한다.

고귀한 생명체를 낳고 키우는 것에 대해 자부심을 가지는 것보다, 현실을 부정하고, 인정하지 않는다. 불과 몇 년 전의 나는 한순간에 없어졌기 때문이다. 머리를 못 감고 세수를 못 하면 밖에 나갈 수 없었던 여자가 모자를 눌러쓴 채 눈곱만 때고 소아과를 갈 수 있게 되고 양치질을 저녁에 해도 큰 문제 없이 살 수 있게 되는 것이다. 그래, 우린 용감한 엄마다. 그렇기에 인정하고 받아들여야 한다. 그러려면 마음을 바꿔 먹자.

잃어버린 내 인생이 아닌, 그 시간이 나중에 무엇인가를 얻을 수

엄마, 세상 밖으로 나가다

있던 시간이라고.

삶은 굴곡이 심한 그래프와 같다. 엄마로서 살면서 희생한 부분, 나를 잃어버린 시간은 분명히 의미가 있을 것이다. 그렇게 믿자. 믿고 싶다. 그 시간은 나를 성장하는 시간이라고. 그 시간이 아깝다고 생각하지 말아야 한다.

내가 선택해서 엄마가 되었기에 우주 최고의 엄마라는 울타리를 대충 치고 살 수 없다. 잃어버린 내 인생만 생각하고 과거에 얽매이기에는 내 옆에 나만 보는 아이가 있다. 그 아이를 보듬고 보살펴야 한다. 아이가 말해 준다. 엄마가 되어 잃어버렸다고 생각한 시간 속에서 엄마가 되었기에 느낄 수 있고 얻을 수 있는 삶의 지혜와 큰 힘을 아이들을 통해 얻게 되었다고 내 눈앞에서 말해 주고 있다. 저 눈빛, 저 손길을 어떻게 하면 좋을까. '당신이 저의 엄마예요.'라고 느끼게 해주는 아이를 보며 아이를 한번 안아 주자. 내 머릿속에서 부정적인 엄마의 희생이라고 단정 지었던 것을 초기화시킬 수 있도록. 생각이 원상복귀가 되니 살아있다고 느껴지는가? 내 경험으로 봤을 때 잃어 버렸다 생각했던 나와의 싸움은 아무런 의미가 없었다. 엄마가 된 나 자신을 받아들이는 시간을 가져야 한다.

그래, 육아. 잠깐일 수 있다. 계속 잃어버린 내 인생 하며 땅을 치고 후회하지 말고, 우리 모두 마음을 바꿔 보자. 이토록 재미있고 보람찬 시간은 또 오지 않는다. 곧 아이들이 집에 올 시간이다. 어떤가? 준비되었는가?

신랑의 부재,
독박 육아

나와 신랑은 대학 1학년 때 동기로 만났다. 친구로 4년을 지내다 둘 다 외로웠던 시기에 눈이 맞아 3년을 연애하고 27살에 결혼했다. 장거리 연애를 하게 되면서 몸이 멀어지면 마음도 멀어질까 두려웠다.

대학을 졸업하기 전에 취업해서 가정을 꾸려야겠다고 생각한 신랑은 아산에 있는 중소기업에 취업했고, 우리의 신혼집은 회사 근처의 시골 아파트에서 시작했다. 7년을 알고 지냈던 사이라 더 오래 있다가 결혼하게 되면 헤어질 거 같다는 생각에 한시라도 빨리 취업을 했던 것 같다.

신랑이 사회 초년 생활을 보낼 때 나는 임신과 출산이라는 인생의 버라이어티한 경험을 맞이했다. 그렇게 서로의 자리에서 새로운 경험을 하며 적응하는 동안 서로에게 최대한 맞추며 살아가려고 노력했다. 신랑이 사회생활 2년 차 정도 되었을 때 주말도 없이 회사를 나가고 일의 업무가 늘어나면서 아빠, 남편의 몫까지 잘 해내려고 노력하는 모습을 보며 신랑을 이해하게 되고 포기 아닌 포기를 하며 혼자 아이를 돌보려고 했다. 양가(兩家) 부모님은 멀리 계셨고 외동딸이라 어디 기댈 곳이 없던 나는 오로지 혼자 육아를 하게 되었다. 그렇게 10년이라는 기간 동안의 독박 육아는 시간이 지날수록 강도가 더 세졌다. 신랑을 평일에는 아침에 일찍 일어나야 볼 수 있고 주말에도 업무상 볼일을 보는 그의 스케줄이 끝날 때까지 기다려야 볼 수 있었다. 그동안 우리 셋은 함께 구경하고 시간을 보내야 했다. 간단히 말하면, 일주일에 아빠와 함께하는 시간이 12시간도 되지 않았다. 신랑은 그 미안함에 같이 있는 시간이라도 알차게 보내고 싶어 했고 신랑 없이 아이를 본 나는 신랑이 함께하는 그 시간엔 힘이 부쳐 짜증과 불신이 가득 찬 얼굴로 몸만 함께 하며 시간을 보내는 것이 허다했다. 아이들은 즐거워했으나 나는 쉬고 싶었다.

열외정신을 허락하지 않는다며 꼭 함께하길 바랐던 신랑. 신랑의 마음을 안다. 항상 바쁜 신랑은 시간이 날 때마다 영상통화를 했고 우리를 사랑하고 있다는 마음을 보여주었기에 힘들게 사는 신랑을 이해하고 싶었다. 가정의 경제적인 부분을 해결해 오는 그를 있는 그대로 받아들이려고 했다. 하지만 그런 생각도 잠시, 독박 육아의 시간이 길어질수록 나도 지치고 신랑도 지쳐 갔다. 사소한 것으로도 싸우게 되고 서로의 이야기를 잘 듣지 않았다. 사랑하기 때문에 함께하고 싶은 남편과 아빠의 빈자리는 서운함으로 채워져 나갔다.

평일의 어느 날 놀이터에서 두 녀석이 자전거를 탄다고 했다. 집 근처 공원으로 향하는 길에는 찻길과 언덕이 있다. 지금은 큰아이가 커서 혼자 자전거를 끌고 갈 수 있지만, 몇 년 전만 해도 내가 양손으로 두 개의 자전거를 끌고 갔다. 자전거 하나를 언덕에 올려놓고 또 다른 자전거를 올리면서 힘이 들었다. 물과 간식과 돗자리를 손목과 어깨에 메고 자전거를 끌던 나는 또 짜증이 밀려왔다. '아. 힘들어. 자전거 하나만 가지고 오지, 꼭 둘 다 탄다고 난리야.'

간신히 무사 주차를 하고 아이들이 자전거를 신나게 타는 모습을 보며 마음을 추스르고 커피음료를 쭉 들이켰다. 좀 앉아 쉬려고 하니 아들 녀석이 축구를 하자며 달려왔다.

"축구? 축구는 아빠랑 하는 거야. 엄마는 잘 못 하는데? 누나랑해. 도희야~! 찬희가 같이 축구 하재!"

첫째인 도희는 대충대충 공을 차고, 둘째인 찬희는 그런 누나가 마음에 안 든다. 결국, 다시 와서는 나와 축구를 같이하자고 졸랐다.

무거운 엉덩이를 떼고 골대 앞으로 갔다. 어릴 때부터 달리기나 구기(球技) 종목과는 친하지 않았던 나는 최선을 다해 축구를 했다. 이무리 열심히 공을 차 줘도 시간을 10분도 못 넘겼다. 아들은 다시 다른 놀이를 하러 갔다. 아빠와 축구 경기를 하는 다른 아이들의 모습을 보니 신랑이 생각났다. '우리 신랑도 같이 왔으면 아이들과 축구를 재미있게 해줬을 텐데…' 머릿속으로 생각하며 신랑에게 전화를 걸었다. "여보, 주말에 아들이랑 축구 좀 같이 해줘." "그래. 아빠랑 주말에 꼭 축구 시합하자고 애들한테 전해줘!" 이런 약속이 몇 개였는지.

아이들은 아빠의 약속만 들어도 아빠를 고마워하고 사랑했다. 옆에서 보는 나는 그런 모습들이 짠하고 안쓰러웠다.

동네 엄마들과 오랜만에 저녁 약속을 했다. 약속을 정하기 전에 신랑의 일정을 먼저 확인했다. 신랑에게 평소보다 일찍 올 수 있는 요일이 언제인지 물어보고 그 날짜에 맞춰서 약속을 정했다. 미리 며칠 전에 약속을 정하고 매일 신랑을 볼 때마다 약속을 상기시켰다.

"여보, 이번 주 수요일 저녁에 나 나가는 거 알지?" "응. 그럼~. 일찍 올게." 약속한 수요일이 되어 아이들의 저녁을 평소보다 빨리 챙겨주고 설거지도 얼른 끝냈다.

그리고 아이들이 일찍 잠들 수 있는 분위기를 조성했다. 신랑이 퇴근하고 오면 피곤할까 봐 밤마실을 나가는 나로서는 최대한 배려를 하는 것이다.

간절함이 느껴질 것이다. 나가고 싶다는 간절함! 그런데 그날따라 아이들이 금방 잠들지 않는다. 하긴, 평소보다 일찍 잠자리에 들었으니 당연하긴 하다. 겨우 꿈나라로 간 것을 확인하고 옷을 꺼내 와 주섬주섬 입었다. 9시. 약속한 시각인데 신랑이 출발했다는 전화나 문자가 없었다. 또 짜증이 밀려왔다.

화를 눌러야지 싶지만, 본인이 일찍 퇴근하고 회식을 갈 때나 개인적인 일을 볼 때는 아무런 변수 없이 잘 가면서, 내가 며칠 전부터 이야기했던 오늘은 꼭 무슨 일이 생기고 빨리 나오지 못할 이유가 10가지나 되니 이해하려고 해도 이해가 되지 않았다. 사실 이해하고 싶지 않았다. 서운함이 밀려왔다. 전화를 걸었지만, 신랑은 받지 않았다. 조금 늦겠다고 먼저 가서 먹고 있으라고 단체 방에 카톡 메시지를 보냈다. 술은 시작을 같이해야 맛도 좋고 분위기도 좋은데, '오늘도 시작을 같이 못 하는구나.'라는 생각을 하며 전화기만 만지작거릴 때 드디어 신랑 지정 벨 소리가 울렸다. 반갑다. 미웠던 마음은 쑥 내려가고 언제 오느냐고 물었다. "미안해. 지금 회의가 끝났어. 지금 출발하니깐 20분 후에 도착해. 옷 입고 나갈 준비 하고 있어." "아까부터 나갈 준비 다 하고 신발만 신으면 되니 얼른 튀어와!" 밤마실 한번 나가기도 늘 어렵다. 왜 나만 그렇지? 의문스럽다. 신세 한탄을 하고 나니 신랑이 왔다. 부랴부랴 엘리베이터를 타고 나갔다.

아하~ 밤공기는 너무나 달라. 오랜만에 코에 전해지는 밤공기, 설렌다. 모임으로 가는 발걸음이 내 마음을 따라가지 못하고 늦다. 얼른 뛰자. 안주 없어지기 전에.

주말은 독박 육아를 제대로 맛보는 시간이다. 제대로 독박 쓰는 날이다. 주 7일 근무, 2년 전 시작한 대학원 공부로 신랑은 제대로 쉬지도 못하고 살아간다.

오랜만에 아이 둘을 데리고 동물원에 갔다. 아이들은 신이 나서 흥분해 있었다. 두 손을 잡고 아이들을 이끌고 동물 구경을 시작했다. 큰아이는 토끼가 보고 싶다고 하고 작은아이는 타조를 보고 싶다고 졸랐다. "누나가 토끼를 더 보고 싶어 하니깐 조금만 더 기다리고 타조 보러 가자." "싫어~. 나 타조 지금 보고 싶단 말이야." 어떻게 할까 하다 큰아이에게 이리 오라고 했다. 듣지 않고 계속 쳐다보고 있는 아이. 이런 상황이 여러 번 반복되면서 그 자리에 주저앉고 싶었다. 내 몸은 하나인데 관심사가 다른 두 아이의 요구를 들어줘야 할 때 두 아이 모두에게 집중하지 못하는 나를 나 스스로 받아들이지 못했다. 그런 마음의 충동이 들 때마다 괴로웠다. 큰아이의 공부를 봐줄 때도, 작은아이는 혼자 놀다 내 옆에서 블록 놀이를 같이하자고 조른다. 조금만 기다려 달라고 부탁해도 아직 어린 나이라 이해하기 힘들어했다. 작은아이에게 먹을 것을 주고 큰아이의 숙제와 공부를 봐주면서 "엄마 보고 어쩌라는 거야? 엄마 몸이 하나인데 둘이 의견이 안 맞으니깐 엄마가 누구 의견을 들어줘야 할지 모르겠어."라고 말했다. 나는 이런 상황일 때 두 아이의 의견을 들어주고 싶어 나름 노력했다. 그러다 조율이 잘 안 되면 큰소리를 지르며 아이들을 혼냈다. 그러면 항상 후회가 밀려왔다. 동물원을 갔을 때, 집에서 아빠의 빈자리가 느껴질 때, 두 아이를 혼자 돌봐야 할 때, 나 혼자 하기 벅찼다. 차라리 돈을 벌러 나가고 싶었다. 아주 늦게까지 일을 하고 들어와 재워주기만 하는 엄마의 일이 무엇일까 찾아보기도 하며 현실을 미워했다.

신랑의 현재 상황을 이해하지만, 어디까지 이해해야 할지 가늠하기 힘들었다. 나의 힘듦 때문에 신랑을 이해하는 마음이 미움과 서운한 마음으로 바뀌었다. 몇 주 전에 〈애들아~ 아빠랑 놀자〉라는 지역 행사를 연다고 KACE 국장님이 연락을 하셨다. 평소 내가 도움을 받는 협의회의 행사라 가고 싶었지만, 정작 토요일은 신랑이 학교에 가는 날이라 갈 수가 없었다. 죄송하다 이야기하며 거절했지만, '아빠 없이 내가 애들을 데리고 가보는 건 어떨까? 분명 나처럼 아빠 없이 아이들만 데리고 오는 엄마들이 있을 텐데…….'라는 생각이 들어 다시 가기로 결정했다.

접수를 마치고 그날 행사에 갔더니 아빠, 엄마와 온 가족들이 많았다. 기죽지 않고 애들에게 이야기했다. "애들아, 아빠가 이번 학기만 끝나면 토요일에 학교 안 가도 되니깐 오늘은 조금 서운해도 엄마랑 재미있게 놀다 가자. 엄마 아는 선생님들 많아서 더 잘 챙겨 주실 거야. 알았지?"

아이들의 마음을 한 번 더 헤아려 주고 우리 셋은 아빠 없이도 그날 행사를 즐겁게 보내고 집으로 돌아왔다. 집에 돌아와 오늘 만든 가훈을 신랑에게 보여 줬다. 그러고 보니 유치원 행사 때 찍은 사진이나 가훈 속 액자 안의 사진은 모두 나 혼자 아이들의 양쪽 손을 잡고 찍은 사진이라는 공통점이 있었다. 특히나 액자 속 아빠 없는 가훈은 왠지 쓸쓸하고 허전함을 더해 주었다. 아이들은 아빠가 집에 오자마자 가훈 액자를 보여주며 "아빠~. 오늘 우리가 같이 만든 거예요. 우리 집 가훈은 '이해'예요. 엄마가 누나랑 내가 서로 이해도 하지 않고 싸운다고 이해로 하자고 했어요. 한번 보세요~."라고 말했다. 신랑은 액자를 보며 "아빠 사진이 없으니 이건 우리 집 가훈이 아니야. 다시 아빠 있는 사진으로 우리 집 가훈을 만들자."라고 아이들에게 이야기했다. 나는 신랑의 얼굴을 쳐다보았다. 함께 하지 못하는 미안함의 얼굴, 그 순간 눈물이 핑 돌았다. 산다고, 살아간다고 애쓰는 신랑에게 어떤 마음을 가졌는지 반성하게 된 계기였다. "그래, 여보. 이 행사 또 한대. 오늘이 1회로 열린 거고, 곧 2회도 열린대. 좋은 아빠 운동에 참여하겠냐고 설문조사도 해서 내가 아빠 이름 쓰고 사인했어. 곧 연락 올 거야. 다시 하면 그때는 같이 가자."

독박 육아 10년 차인 지금, 내가 얻은 것은 아이들과 함께 못할 것이 없다는 것이다. 작년에 아이와 나 셋이서 트렁크 가방 2개를 들고 제주도에서 일주일간 머물다 온 기억부터 떠오른다. 셋이 함께한 추억은 눈빛만 봐도 서로 무엇을 원하고 말하는지 알 수 있는 사이가 되게 만들었고, 아빠의 소중함을 더욱더 느끼게 해주었다.

아빠는 항상 그립고 필요한 존재다. 있으면 불편할 때도 있지만, 그래도 함께 있는 게 더 좋은 존재다.

나의 남편, 아빠. 당신.

자기. 우리 먹여 살리느라 힘든 거 아는데,

바쁘다면서 당구 1시간 더 치고 들어오는 거 다 알아.

어떻게 좋게 글로 마무리하려고 해도 잘 안 된다.

사랑하는 여보! 얼른 집에 좀 와. 제발 좀.

사 랑 하 는
내 아 이 들

        사랑하는 내 아이들, 내가 책을 쓰는 첫 번째 이유다. '사. 랑. 하. 는. 내. 아. 이. 들'이라는 글자를 타이핑하는 데 아이들이 느껴지고 보고 싶어진다. 아이들은 내가 살아가는 이유이기도 하다.

    나의 첫 아이, 도희.

    생김새도 나와 비슷하고 어릴 적 내 성격과 많이 닮은 딸이다.

    대부분의 엄마는 첫 아이 때 경험 부족으로 키우느라 힘들었을 것이다. 나는 앞에서 이야기한 것처럼 잘못된 모유 수유로 아이를 든든하게 먹이고 재우지 못했던 것이 제일 미안하다. 어릴 때 입이 짧았던 도희는 6살이 될 무렵부터 잘 먹었다. 이젠 아기일 때 배를 곯게 했던 미안함이 줄어들게 되었지만, 아직도 그때를 생각하면 얼마나 배가 고팠을까 싶다.

    그런 도희가 건강하고 체격 좋은 초등학교 4학년이 되었다. 도희는 부끄럼이 많다.

    어떤 옷을 살 때는 자기가 생각했을 때 좀 튄다거나 평소의 스타일이 아닌 느낌이 들면 아주 큰 용기를 내야 입을 수 있고, 눈이 나빠 안경을 써야 하는데도 친구들의 반응이 제일 신경이 쓰인다고 한다. 생각해 보니 외적 부끄럼이 많아지는 시기인 고학년이 될 준비를 하는 것 같기도 하다.

도희는 어릴 때부터 공주 옷이나 공주 놀이를 좋아하지 않았다. 몸으로 노는 것을 좋아하고 다른 여자아이처럼 꾸미는 것에 큰 비중을 두지 않는 여자아이로 커왔다. 도희를 처음 본 사람들은 '자기주장이 뚜렷한 아이'라고 정의 내린다. 자기주장이 강하고 도도한 표정을 하지만, 엄마인 내가 본 도희는 감수성이 풍부하고 생각이 많은 아이다.

재작년 설날이었다. 설날 뉴스에서는 교통사고 소식을 많이 보도했다.

고향 집을 오고 가다 갑자기 일어난 사고를 보고 있자니 내일 친정 가는 길이 걱정부터 앞섰다.

불안은 학습된다고 하지 않은가? 뉴스를 보면서 고속버스를 타고 가다 우리도 뉴스에 사고처럼 버스가 뒤집히거나 낭떠러지로 떨어지면 어쩌나 하고 속으로 걱정하는 찰나, 도희가 옆에서 울기 시작했다.

"엄마 무서워! 우리 내일 외갓집 가지 말자. 사고 나는 거 보니 무서워. 나 내일 버스 타고 안 갈래. 응?"

"어떻게 안 가. 엄마도 엄마, 아빠 보고 싶은데. 외할머니, 외할아버지가 너희들 기다리잖아. 우리에게는 저런 사고가 안 일어날 거야. 안전띠 잘하고 가면 되니깐 걱정하지 마."라고 위로했다.

다음날 설날 차례를 지낼 준비를 하는데 도희가 오늘 타고 갈 버스 기사님께 편지를 쓰고 싶다고 했다. 시골 큰집에는 마땅한 종이를 찾기 어려워 달력을 한 장 찢어 편지를 썼다.

비록 맞춤법은 틀렸지만 지웠다가 쓰다가를 반복하며 시민들의 걱정이 제일 중요하다는 도희의 주장에서 어린아이의 순수함을 느낄 수 있었다. 그러나 도희는 걱정과 생각이 많은 감수성이 풍부한 자신의 편지를 기사님에게 용기 내서 주지 못했다.

결국, 도희는 기사님이 대기 시간 동안 화장실에 가셨을 때 편지를 운전석에 던져 놓고 7번 자리로 점프해서 돌아왔다. 옆에서 아이를 지켜보니 점퍼를 뒤집어쓰고 아저씨의 반응을 내심 기다리는 것 같았다. 내가 행여나 기사님의 반응이 없으면 어떻게 하나 걱정을 하고 있을 때, 편지를 본 기사님이 유쾌하게 "7번 소녀 어딨노? 고맙다. 아저씨가 천천히 갈게. 눈 다 녹아서 괜찮을끼다. 아이고야, 고맙다이~."라고 대답해주셨다.

나는 그 모습을 지켜보면서 조금 부끄러웠다.
아마도 나의 순수함은 너와는 다르다는걸.
아저씨의 말에 행복해하는 너를 보며 엄만 또 배운다.
용기 있는 너의 모습과 순수함을! 따뜻한 마음을 느끼게 해줘서 고마웠던 날이었다. 순수함을 대신 충전할 수 있었다.

나의 두 번째 아이, 찬희.
세상에서 제일 내 마음대로 되지 않는 것이 육아고 엄마로 산다는 것이 보통 마음으로 할 수 있는 것이 아니라는 것을 큰아이를 키우면서 알게 되었다. 한 아이를 키우면서 두 아이의 엄마가 된다는 것은 상상하고 싶지 않았다. 하기 싫었다. 아니, 용기가 없었다. 자신이 없었다.

내 나이 31살, 큰아이 나이 4살. 더 늦어지면 나처럼 외동딸로 클 딸을 생각하니 이제는 아이를 가져야겠다는 생각이 들었다. 순둥이 같고 동자 스님처럼 큰 찬희는 남자아이답게 활력이 넘친다. 아들은 노는 것부터 다르다. 어렸을 때 혼자 큰 나는 아들과 노는 것이 어색했다. 사실 아들이 총 놀이랑 칼싸움 놀이를 하자고 할 때마다 살짝 긴장한다. '아! 제대로 전사해야 하는데.' 책장 뒤에 숨어 총 쏘는 시늉을 해야 하고 총에 맞았을 때는 사실적으로 전사하지 않으면 다시 살아났다 죽었다 하는 일을 반복해야 한다. 한 번에 제대로 전사하는 것이 내가 살 길이다!

남자다우면서도 아주 여리고 감수성이 풍부한 아이, 사랑표현도 잘하고 애교가 많은 작은아이.

가끔 큰아이와 4살 터울이 난다는 걸 잊고 생활 습관이며 하는 행동을 11살이라 생각하고 아이를 혼낼 때도 있다. 나는 두 아이를 하나의 아이로 보고 키우며 가르쳤다. 아이들은 5살부터 혼자 밥을 먹고 설거지통에 밥그릇을 가져다 놓으며 양치를 하고 스스로 옷을 입고 유치원 갈 준비를 했다.

바람이 솔솔 부는 어느 날 저녁, 저녁밥을 하기 위해 분주한 와중에 찬희가 내 옆으로 왔다.

"엄마, 나랑 같이하자."

"그래. 달걀 두 개를 프라이팬에 같이 깨트려서 굽자. 잘하네! 오늘은 간장에 계란 비벼서 먹을 거니까 그릇에 주걱으로 밥 좀 퍼줘."

내 부탁을 듣고 조그만 의자를 가지고 와 밥솥 밑에 두고 올라가서 밥을 푸고 있던 아이. 갑자기 쾅 하는 소리와 함께 의자에 미끄러져 바닥에 넘어진 찬희를 보고 놀란 마음에 아이의 곁으로 갔다.

내가 옆으로 다가가는 순간 아이는 벌떡 일어났다.

"엄마, 안 아파요. 안 아파!" 얼굴을 보니 많이 아파 보였다.

"아픈 것 같은데? 아프지?"

"사실, 많이 아파." 하며 아이는 서럽게 울었다. 감정이 복받쳐서 우는 아이를 보니 나도 하염없이 눈물이 났다. 같이 울면서 아이를 안아 주었다.

"아프면 아프다고 하는 거야. 참으면 안 되는 거야."

"엄마가 맨날 혼내잖아. 아프다고 하면 혼내잖아."

문득 아이가 뛰다가 넘어지거나 장난을 치다 넘어질 때 괜찮냐고 물어보는 내 말투에는 너 그러니깐 넘어지지라는 생각이 그대로 담긴 말투였다는 것이 기억났다. 그 말투로 "괜찮냐고, 일어나."라고 했던 내 모습이 눈앞에 스쳐 지나갔다. 속상하고 미안했다.

"엄마가 미안해, 찬희 마음도 몰라줘서. 앞으로는 아프면 아프다고 해. 참지 마. 알았지?"

울면서 사과하는 엄마, 그 엄마에게 아이는 똥구멍 같은 입술을 내밀며 말없이 뽀뽀를 청했다. 아이는 그렇게 엄마를 용서해 주었다. 엄마와 동생의 모습을 옆에서 지켜보던 큰아이도 함께 울었다. 말하지 않아도 느껴지는 눈물의 의미, 그날 아이는 어른인 나보다 훨씬 더 다른 사람을 이해하고 용서가 빠르다는 걸 보여준 날이었다.

엄마, 세상 밖으로 나가다

며칠 전 같은 반 여자 친구 엄마에게 전화가 왔다.

"찬희 어머니세요? 저 민희 엄마예요. 혹시 찬희가 민희 이야기 안 하나요?"

"아니요. 안 하던데요? 무슨 일 있었나요?"

"아, 민희가 찬희를 1년 넘게 좋아하고 있어요. 가족 축제 때 보니 옆에서 귀찮게 하는 것 같아서 찬희가 힘들어하지 않나 해서 전화 드렸어요."

어머나, 친구 엄마에게서 듣는 최고의 찬사! 엄마라면 으쓱해질 전화!

이런 일로 힘들거나 불편하다고 이야기한 적이 없었기에 괜찮다고, 미안해하지 마시라고 전해드렸다. 귀여웠다. 7살이 좋아한다는 것은 어떤 의미일까? 소꿉놀이하는 것 같은 일방적인 짝사랑을 하는 여자의 마음을 헤아려 주는 따뜻한 마음을 가진 아이. 지나가듯 물어보니 찬희가 말했다. "괜찮아. 가끔 불편할 때도 있지만, 내가 윤이 좋아하는 거랑 같은 거잖아." 하며 친구를 보듬어 줬다. 다른 사람을 생각하는 마음이 넓은 아이란 생각이 들었다.

일상의 일들에서, 사랑하는 아이들을 통해 배우고 느끼게 되는 것. 비단 나만의 일은 아닐 것이다.

아이를 키우는 가정에서도 이런 소소한 재미와 사건이 늘 일어난다. 의미를 부여하고 아이를 키우느냐와 평범한 하루 일 중의 하나라고 여기고 넘어가느냐에 따라 내 아이를 이해하고 알아가는 것이 달라진다.

『현명한 부모는 아이를 느리게 키운다』의 저자 신의진 교수는 아이를 키우면서 얻을 수 있는 것이 '진정한 이타심이 주는 행복'이라고 했다. 남을 위한 마음! 곰곰이 생각해 보면 우리가 아이들을 생각하는 마음이 더 크며 아이에게 희생한다고 생각하지만, 실상은 아이들이 부모와 친구들을 더 위하고 산다는 것을 생활 속에서 보여주는 것 같다. 모르고 지나치는 것뿐!

엄마, 세상 밖으로 나가다

엄마의 마음

    나는 조리원을 퇴소하는 날 아이들 교육의 명품이라는 '프뢰벨', '몬테소리', '웅진', '오르다' 등 많은 유아 업체의 광고물을 받고 연락처를 주고 나왔다. 8년 전 큰아이와 함께 집으로 돌아오는 날 교구를 샘플로 받고 집으로 왔다.

  아이가 앉는 시기에 이르자, 교구를 손으로 만지기 시작했다. 갑자기 예전에 받은 교구가 생각나서 교육 업체를 찾아 전화를 걸었다. 방문영업사원은 한걸음에 집으로 달려왔다. 여러 가지 설명을 듣고 몇백만 원짜리 교구를 신청했다. 50만 원만 더 구매하면 사은품으로 교구장을 준다는 말에 결국, 아이가 1년 후에 가지고 놀 수 있는 교구까지 주문하게 됐다. 차후 교구장이 집으로 배달되어 교구들을 전시해 놓고 난 후 아이가 가지고 놀 때마다, '내가 참 잘했지. 저렇게 가지고 놀다 보면 소근육도 발달하고 우뇌도 발달한다는데 맞는 거 같아. 우리 애가 조금 다른 애들보다 앞서는 거 같다는 소리를 듣는데 교구가 도움이 될 거야.'라고 되뇌었다.

  아이가 돌이 될 때 쯤 방문 수업을 신청했다. 이 교구의 마지막을 장식할 방문수업. 아이는 일주일에 한 번씩 오시는 선생님의 수업을 기다리고 재미있어 했다. 그리고 오리고 만들며 집에서 해주지 못하는 활동들이 내 마음에도 쏙 들었다. 시간이 지나 아이의 두 돌이 되어가면서 슬슬 교육적인 부분이 많이 들어가게 됐다. 어느 날 초인종 소리가 울리자마자 방으로 들어가는 아이를 보며 뭔가 잘못되어 간다는 생각이 들었다. 수업을 지켜보니 두 돌 아이에게 마름모와 육각형의 퍼즐을 맞추게 하고 "마! 름! 모! 같이 해보자. 마! 름! 모!"를 반복적으로 말하는 수업이 진행되고 있었다.

결국, 주입식 교육으로 끝나는 수업에 아이는 거부감을 표현했던 것이다. 예민한 성격이었던 큰아이의 성향상 수업을 그만해야 하는 게 답이었지만, 큰돈을 주고 산 교구를 장난감처럼 집에서만 가지고 노는 것은 내 계획에 어긋난 일이라 내려놓기 쉽지 않았다. 그러나 선생님의 발소리에도 울던 아이를 보며 더 이상 끌고 가면 안 되겠다 싶어 수업을 취소해달라고 했다. 두 돌이 되면 할 수 있다는 교구는 어떻게 해야 하는지, 저걸 왜 샀는지, 교구장 때문에 산 건지, 후회가 밀려왔다. 신랑의 눈치와 잔소리로 내 존재감은 작아졌다.

"작은아이 낳으면 또 할 수 있대. 정품등록 되어 있어서 전화로 신청만 하면 작은아이는 수업비만 내면 된다니깐 괜찮아. 1년은 했잖아. 도희랑 안 맞는 거지 뭐."

테스트한 결과. 비용으로 몇백만 원을 썼다는 생각에 광고지를 받은 그 날을 후회하고 작은아이는 생각도 하지 않고 있던 내 입에서 이렇게 변명 거리를 잘 늘어놓을 수 있나 싶었다. 내가 겪은 교구에 대한 추억을 읽으면서 '어머! 나랑 비슷한 경험이 있네.' 하며 본인의 추억을 회상하는 엄마도 있을 것이다. 예전이나 지금이나 교구를 들여놓는 것은 아이를 키우는 코스 중의 하나이니까 말이다. 지금 그 교구

엄마, 세상 밖으로 나가다

는 우리 집 책장에 버리지도 못하고 10년 넘게 자리를 차지하고 있다. 교구장도 끝까지 버리지 못하고 종이 블록을 채워 놓았다.

고등학교 친구 중에 제일 먼저 시집을 가고 아이를 낳은 친구는 우리들의 육아 선배다. 임신 중일 때 먼저 아이를 낳은 친구네를 놀러 간 날, 아이의 머리 위에는 흑백 모빌이 달려 있고 옆으로는 하얀 여백에 흑백으로 쓰인 한자 카드 모빌이 줄을 지어 아이 옆을 에워싸고 있었다.

"이게 뭐야?"

"아이는 태어나서는 색깔 구별은 안 되고 흑백만 눈으로 인식을 한대. 태어나서 뇌가 발달할 때 이런 걸 보게 하면 아이한테 좋대."

집으로 돌아와서 출산준비 리스트에 흑백 한자 모빌 카드를 적어 놓고 인터넷 검색을 시작했다.

엄마의 마음은 아이가 잘 컸으면 하는 바람과 내가 낳은 아이에 대한 책임으로 남들보다 못 해주거나 뒷받침해주지 못해 뒤처지면 엄마 탓이 될까 하는 마음졸임 사이에서 늘 고군분투한다. 좋다는 것은 다 먹이고 싶고, 비싼 백화점 옷을 입혀 놓으면 비싼 아이가 됐다고 착각하고, 비싼 수업을 시켜 주면 똑똑한 아이로 클 수도 있을 거라고 생각하는 것이다. 부모의 배경이 나빴기에, 능력이 모자랐기 때문에 하고 싶은 것을 못 해줄까 봐, 이루고 싶은 것을 못 이룰까 봐 아이를 위해서 이렇게라도 한다.

아픈 아이를 키워 본 엄마들은 엄마가 아이 대신 아파주고 싶다는 마음을 알 것이다.

찬희가 태어나고 30일 조금 넘었을 때, 젖도 먹지 않고 온종일 자는 날이 있었다.

그전에 아이의 콧물이 보여서 소아과를 데리고 갔지만, 병원에선 신생아에게 약을 쓸 수 없다는 말만 했다. 그냥 돌아올 수밖에 없었다. 이후 아이가 코가 막혀 숨을 쉬기 힘들어해서 다시 찾아갔을 때야 콧물약을 조금 처방받았다.

깊은 잠을 푹 자는 아이의 모습을 보는데, 왠지 평온하게 자는 듯한 느낌이 아니라 어딘가 불편해서 자는 듯한 느낌이 들어 체온계로 열을 재니 39도가 넘었다. 밤 9시경 신랑에게 지금 당장 집으로 오라고 했다. 큰아이를 맡기고 응급실로 향했다. 열이 나면 큰 병원으로 가라는 의사의 말에 숨이 막히고 무서웠다. 뱃속에서 나온 지 얼마 안 된 아이의 손과 발에서 여러 번 피를 뽑고, 소변 봉투를 붙이고, 폐 검사를 하기 위해 주사약을 놓았다. 약을 맞고 난 후 몇 시간 동안 누워있어야만 했다. 아무것도 해줄 수 없는 나였다. 머리를 들면 안 된다고 했기에 안아주고 싶었지만 안아줄 수도 없었다.

이렇게 생후 50일도 안 된 아이는 폐렴 증상이 보여 입원 후 강도가 센 항생제를 맞으며 일주일간 병원 신세를 졌다. 그 후로도 입원과 병원 생활을 반복하며 자랐다. 6개월이 되었을 때 감기로 병원에 갔더니 중이염이 생겼다고 했다.

큰아이를 키우면서 한 번도 중이염이라는 병명을 듣지 못했던 나는 중이염이 약만 먹으면 나아지는 병인 줄 알았다. 일주일에 2번씩 항생제를 바꿔가며 한 달 이상 치료를 받고, 귀에 물이 빠져 약을 끊으면 일주일도 지나지 않아 또 감기가 오고 감기의 증상이 호전되어도 귀에 물이 차는 증상이 반복되었다. 아이는 겉으로는 아픈 아이가 아니었지만, 늘 항생제를 먹어야 했다.

3년 정도 반복되는 생활을 한 때쯤 이비인후과 선생님은 더 이상 선생님이 해줄 수 있는 치료나 약은 없다고 하셨다. 큰 대학병원에 가서 고막에 관을 넣는 수술을 해야 한다며 소견서를 써주셨다.

그러나 수면 마취도 해야 하고 한 번의 수술로 완치가 되는 것이 아니라 관이 빠지면 다시 재발할 수 있고 물놀이는 일절 금지라는 이야기에 수술을 선택하고 싶지 않았다. 뼈가 부러진 것이면 시간이 걸려도 나아지는 것인데 중이염이라는 것은 시간이 지나도 나아지지 않고 우리의 생활까지 무너트렸다. 결국, 수술을 하지 않고 한약을 먹이며 시간을 끌었다. 버틸 수 있을 때까지 버티면서 이틀에 한 번씩 두 녀석의 손을 잡고 택시를 타고 한의원과 집을 오고 갔다. 응급실에 있을 때 기저귀가 떨어져 아기 띠를 해서 아이를 안고 링거 스탠드를 끌며 마트를 찾아다녔던 기억, 한의원을 다니며 생활의 리듬이 깨지고 한약을 먹기 싫어하는 아이를 혼내서 입으로 넣어주다 토한 아이를 씻기면서 함께 울었던 옛일이 생각난다. 엄마와 아이는 아무런 말 없이 목욕을 했다. 몸에 묻은 한약을 씻으며 펑펑 울던 그 날, 아픈 아이 대신 아파 줄 수 없어서 힘들었고 그런 현실에 지쳐 감정이 복받쳤다. 아이가 아프면 엄마도 아프다. 좋다는 것은 다 먹이고 싶고 고칠 수만 있다면 돈을 빌려서라도 고쳐 주고 싶은 게 부모의 마음이다.

아이가 아프거나 힘든 일이 있을 때 엄마는 어디에서 힘이 솟아나는지, 아이를 낳았다는 책임감과 사랑하는 마음의 힘으로 아이를 보살피고 키워낸다. 엄마의 마음은 위대하고 거룩하다.

신영복 선생님의 『담론』이라는 책에는 이런 구절이 있다.

사람을 키우는 일이야말로 그 사회를 인간적인 사회로 만드는 일입니다.
사람은 다른 가치의 하위 개념이 아닙니다.
사람이 '끝'입니다.
절망과 역경을 '사람'을 키워 내는 것으로 극복하는 것, 이것이 석과불식(碩
果不食)의 교훈입니다.
최고의 인문학이 아닐 수 없습니다. 욕망과 소유의 거품, 성장에 대한 환상
을 청산하고, 우리의 삶을 그 근본에서 지탱하는 정치, 경제 문화의 뼈대
를 튼튼히 하고 사람을 키우는 일, 이것이 석과불식의 교훈이고 희망의 언
어입니다.

엄마들의 마음. 아이를 키우는 이것이야말로 최고의 인문학 공부
이다. 엄마의 본업, 사람을 키워내는 것은 절망과 역경을 극복하고
살라고 아이들이 우리에게 주는 기회가 아닐까?

엄마, 세상 밖으로 나가다

좋은 엄마의 환상 속 반항아

　　　　　내가 이 책을 쓴 결정적 계기와 이유는 좋은 엄마의 틀에 반항하는 나 자신을 어떻게 해야 할지 몰랐던 경험을 이야기하고 싶어서다. 나는 아이를 키울수록 혼란스러웠고 갈피를 잡지 못 했다.

　육아서를 닥치는 대로 읽고 실행에 옮기고 줄을 쳐가며 온 집안에 볼 수 있게 붙여 놓으며 노력했다.

　처음 몇 번은 잘 되나 싶다가도 노력할수록 중압감을 느끼고 나와 나의 아이에게는 맞지 않는 방법이라는 것을 알게 되었다. 육아서에 나오는 해법과 답이 틀린 말이 아님에도, 해답은 현실에서 통하지 않았다.

　아이가 심심해하는 것 같아 엄마표 놀이 관련 책을 사서 아이와 놀아볼까 싶어 책을 보고 준비물을 준비했다. 책에서 의도한 놀이의 목적과는 전혀 다르게 아이들은 놀이 형식에 벗어난 행동을 하고 결과물을 만든다. 아이들을 있는 그대로 바라보고 놀이를 즐기는 것이 목적이었다가도 내 생각과 전혀 다른 결과에 불편함을 느끼고 뒷정리를 하면서 화가 폭발하곤 했다. 방바닥을 닦으며 생각했다. '아이들을 위해 준비한 거잖아. 왜 그래? 너 이러려고 책 읽고 준비한 거야? 차라리 안 하는 게 낫지, 네가 하자고 해놓고 왜 화를 내?' 내 안에 내가 나에게 질문했다. 나도 알고 있다. 내가 했고 내가 만든 일이라는 것을. 결국, 몇 번의 경험으로 엄마표 놀이는 나랑 안 맞고 욕심내지 말자는 결론을 내렸다. 남들이 다하니깐 나도 해야 한다는 생각으로 했다간 큰일 나는 분야(?)라는 걸 알게 되었으면서도 그런 내가 마음에 들지 않았다.

오리는 엄마 뒤를 따라 험한 세상을 구경하고 새로운 경험을 한다. 나는 오리 엄마가 되고 싶었다. 아이에게 잘하고 싶었다. 동네 사람들은 나를 보면 참 좋은 엄마라는 이야기도 했다. 하지만 감정의 기복이 심한 좋은 엄마였다. 여자는 한 달에 한 번 마법에 걸린다. 아기를 가졌을 때는 마법 전야제를 하지 않아서 좋았다.

그러나 육아를 하는 지금은 호르몬의 변화인지 뭔지, 한 3일 전부터 신경이 곤두서고 괜스레 슬프다가 기분 좋다가 미친년처럼 광기를 부리게 된다. 아니 분명 마법 님이 저번 달에는 조용히 넘어가셨던 것 같은데 유독 이번 달은 심한 것 같다. 올 것이 온 것이다. 명령적인 말투! 삐딱한 시선! 계속되는 간섭! 끊이지 않는 잔소리! 네 가지 요소를 갖춘 나는 지금 마법 전야제를 치르는 중인 걸 알게 되었다. 이 와중에도 남매는 한 치의 양보도 없이 티격태격 싸우고 있다. 나는 속으로 다섯을 센다. 하나, 둘, 셋, 넷, 다섯.

"야! 이것들이! 둘이 붙어 있지 말고 각자 방으로 가!"

큰아이는 커서 자기 방에 가는 게 자유란 걸 뒤늦게 깨달았다.

엄마, 세상 밖으로 나가다

작은아이는 싫고 무서운 벌임을 온몸으로 보여주고 있다.

"각자 어떻게 지낼 건지 적어 와!"

큰아이가 쓴 반성문과 누나가 대신 씨준 작은아이의 반성문을 읽는데 또 욱했다.

"야, 맞춤법이 다 틀렸잖아."

살벌한 분위기 속에서 쓴 반성문은 긴장감으로 실수 연발인 글자가 수두룩했다.

"지금 몇 학년인데 글자를 이렇게 써서 되겠어? 다시 다 고쳐서 써 와!"

그날 난 잠든 아이의 등에 대고 고해 성사를 했다. 미안함에 내가 잠을 잘 수 없어서.

마법 님, 오실 거면 빨리 오세요. 뜸 들이지 마시고요. 피해자가 속출합니다.

이 이야기도 본인 이야기 같지 않은가? 맞다. 엄마라면 다 해본 경험일 것이다. 그렇게 믿고 싶다! 나만 반항아가 아니길. 잘하려고 하다 보니 잘되지 않아 반항아로 살던 어느 날, 내가 제일 잘하고 좋아하는 방법으로 아이들을 행복하게 할 일이 뭐가 있을까 고민하게 되었다.

도희의 생일 때 일이다. 작년 생일 파티는 방방의 파티룸을 빌리고 음식을 배달시켜 세팅하고 엄마들이 먹을 커피며 맥주까지 사놓으며 시작했다. 아이들이 10명 정도 초대되었는데 돈이 웬만한 비싼 생일 선물 하나 살 정도로 많이 들었다.

이번에는 방방에서 그 돈 주고 생일 파티를 하고 싶지 않았다. 집에서 하려니 엄두가 나지 않았고, 어떻게 할까 고민하다가 집 옆 공원에서 수건돌리기며 술래잡기를 해야겠다는 생각이 번쩍 들었다.

확 트인 공원, 생일 캘린더를 나무에 걸고 돗자리를 깔아 음식을 간단하게 준비했다.

생일 선물을 들고 아이들이 하나씩 모이기 시작했다.

나만의 레크리에이션이 시작되었다. 공원에 숨겨둔 색종이 보물을 찾으라고 소리를 질렀다.

아이들의 흥분되고 즐거운 비명이 큰 소리로 들려왔다. 몇 가지의 게임을 진행하고 나니 나중에는 아이들끼리 알아서 놀기 시작했다. 생일 파티가 끝난 후 카트에 쓰레기를 담고 돗자리를 어깨에 매고 집으로 돌아가는 나에게 작은아이가 말했다. "엄마, 오늘 너무 행복했어요." 무뚝뚝한 큰아이도 "나도 나도 너무 행복했어요."라고 한마디 했다. "내가 짐 하나 들어 줄게요." "저도요."

좋은 엄마의 틀 중에서도 내가 잘하고 나에게 맞는 것이 분명히 있었던 것이다. 나에게 맞는 방법, 우리 아이에게 맞는 방법. 그것이 모든 엄마의 해법이 될 순 없지만, 나에게는 해법이었다! 아이들을 존중하니 내가 존중받았다. 밖에 나가서 놀게만 해도 좋은 엄마가 될 수 있다는 것을 몸소 느낀 잊을 수 없는 날이었다. 아이들에게 말했다. "애들아. 엄마가 더 많이 행복했어."

예전에 온라인 강의로 서천석 선생님의 강의를 들은 적이 있다.

그때 처음 들었던 '겸손한 육아'에 대한 말이 있다. 〈어쩌다 어른〉이라는 프로에서도 말씀하신 이야기인데, 문득 이 말씀이 생각난다.

"부모는 완성체가 아닙니다. 방향을 고집하지 않고 아이들과 함께 발전하려고 마음먹으세요."

해줄 수 없는 것에 대해 받아들이고, 할 수 있는 것에 집중하며 스스로를 격려하는 겸손 육아를 하라는 말씀을 가슴과 머리에 꼭 박아 놓고 육아를 하고 싶었다.

그래. 내가 해줄 수 없는 것에 반항하지 말고 인정하고 격려하는 거야.

나도 애들이랑 같이 성장하는 거잖아? 오늘도 겸손 육아를 하자. 나한테 딱 맞는 것 같아.

비교하지 말고 현재에 집중하자!

나를 찾고
싶었다

　　　　　　　　　　나는 외동딸이다. 어릴 적 엄마와 아빠는
교대근무를 하면서 생계를 이어 가셨다. 내 동생은 태어나고 백일이
되었을 때 하늘나라로 떠났다. 심장에 구멍이 생기는 천공(穿孔)이 있
었는데 돈이 없어 수술을 못 해줬다고 한다. 그때부터 외동딸로 자라
게 된 것이다. 내가 초등학교 4학년 때, 엄마는 일하러 나가셨다. 내
기억에는 더 어릴 적부터 일하러 가신 것으로 기억나는데 엄마는 아
니라고 하신다. 그 당시 내 친구는 TV와 연결해서 스틱으로 하는 게
임기였다. 게임을 한참 동안 하고 있으면 엄마가 오셨다. 일하다 점심
시간이 되면 15분 거리를 5분 안에 뛰어와서 점심상을 차려주고 물
에 밥을 말아 후루룩 점심을 먹고 다시 뛰어 회사로 가는 엄마의 뒷
모습이 기억난다. 아빠는 교대 근무를 하셔서 집에 계시는 모습은 잠
이 든 모습이 많았다. 친구랑 놀다가도 집에 혼자 있다가도 5시가 되
면 나는 엄마 회사 건물 앞 유리문에서 엄마를 기다렸다. 한 시간이
나 일찍 가서 엄마를 기다렸던 모습이 생생히 기억난다. 아직도 그때
그 유리문 앞에서 엄마가 나오길 기다리다 계단을 내려가 엄마가 무
엇을 하고 있나 힐끔거리며 쳐다보던 내 모습이 떠오른다. 엄마를 기

　　　　　　　　　　　　　　엄마, 세상 밖으로 나가다

다리는 그 시간이 어떻게 지나갔을까? 혼자 큰다는 것은 부모님의 사랑을 듬뿍 받고, 하고 싶은 것, 사고 싶은 것을 살 수 있는 기회가 더 많다고 생각할 것이다. 틀린 말은 아니다. 그러나 좋은 혜택이 있는 그런 긍정적인 면 뒤에는 외로움이라는 것이 있다. 나는 외동딸로 크면서 아주 외로웠다. 엄마 아빠가 부부싸움을 할 때도 같이 의지할 남매, 자매가 없었다.

엄마는 8시쯤 퇴근을 하고 집에 오시면 화장실에 들어가 나오질 않았다. 종종 화장실 문 너머로 전화 통화하는 소리가 들렸는데, 엄마의 우는 목소리와 함께 다른 사람들의 마찰과 엄마의 고민이 들렸다. 전화기 너머 전해지는 사회생활 속 인간관계로 힘들어하는 엄마, 화장실 속 엄마의 모습을 상상하며 거실에서 혼자 앉아 엄마를 기다리며 나는 속으로 눈물을 삼키고 울었다. 사실 그 순간 내가 어떤 힘든 일이 있었고 어떤 즐거운 일이 있었는지 엄마에게 이야기하고 싶어 기회를 노리고 있었던 건 아니었을까? 몇 번의 도전이 실패로, 포기로 이어지면서 나는 엄마의 불행한 에너지를 온몸으로 느끼고 받아들이며 같이 슬퍼했던 것이다. 엄마와의 소통이 잘되지 않았고 내가 엄마가 되고 나서도 엄마에게 서운했던 마음이 한구석에서 없어지질 않았다.

아이를 낳은 후에는 늦은 아점을 먹는 날이 많았다. 상을 펴고 미역국에 밥을 말아 한술 뜨는데 아이가 운다.

기저귀를 갈아줘야 하나 싶어 열어보는데 똥을 쌌다. 나는 그 순간 화가 치밀어 올라 신랑에게 전화를 걸어 왜 내가 밥 먹을 때마다 똥을 싸냐고, 밥 먹다가 똥을 치우게 하냐며 하소연을 하며 울었던 적도 있다. 4년 후 작은아이가 밥 먹다 똥을 싸도 아무렇지 않게 뒤처리를 하고 물티슈로 대충 손을 닦으며 다시 밥을 먹게 되었지만. 지금 생각하니 너무 웃긴 초보 엄마의 경험에 부끄러워 웃음이 난다. 한 여자와 한 엄마 사이에서 중심을 못 잡고 갈팡질팡했던 시기다.

18개월까지 젖을 먹였던 큰아이가 잠깐 누워 쉬려는 나에게 다가와 알아서 윗옷을 올리고 젖을 찾아 간식처럼 먹곤 했다. 그날따라 엄마의 젖을 찾는 아이가 내 휴식을 방해하는 것 같아 아이를 밀고 먹지 말라고 하며 참으라고 말하는 내 모습에 실망하기도 했다.

나중에 아이들이 어느 정도 크고 시간적 여유가 생겼을 때, 그 마음이 최고조에 이르렀다.

나는 어떤 사람이었지? 내가 지금 잘살고 있는 것인가?

아이들만 보고 그들을 위해 살다 품에서 떠날 때 느낄 공허함을 무엇으로 채울 수 있을까?

어른 사춘기? 또 사춘기? 그래, 나이 30이 넘어 찾아오는 뒤늦은 사춘기가 온 거야.

어른이라 부르기엔 너무 어린 엄마라는 나. 낮은 자존감, 무의식의 과거가 나를 괴롭히는 것 같고 타인과의 관계에서 멀어지는 것 같은 두려움, 감정 기복이 심한 우울한 삶의 연속, 내가 누구인지 나 자신도 모르는 현재, 나를 믿지 못하는 모습 등. 무의식 속 어떤 고통과 기억 때문에 이렇게 힘들어하는지 알고 싶어졌다. 나처럼 육아를 힘들게 생각하는 사람들이 있는 건지… 지금까지는 내가 이상하다고만 생각하며 나 자신을 자책하고 괴롭혔던 것이다. 저렇게 편하게 육아

엄마, 세상 밖으로 나가다

를 하는데 왜 난? 도대체 뭐가 문제일까?

그 답은 내가 제일 잘 알 것 같으면서도 알 수 없으니 답답했다.

나를 찾고 싶었다.

아니. 나라는 인간의 욕구를 채우고 싶었다.

모든 인간의 행동은 욕구에 의해서 생긴다고 할 수 있다. '내가 육아를 하면서 욱하거나 감정 기복이 심한 행동을 하는 모습도 결국 욕구가 충족되지 않아서 생긴 것이 아닐까?'라는 생각에 자료를 찾아보게 되었다.

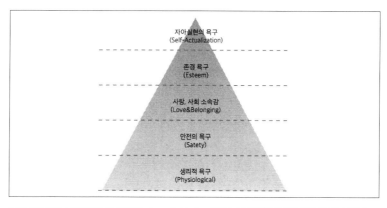

[그림 1] 미국의 심리학자인 매슬로(Abraham H. Maslow, 1908~1970년)가 정리한 인간의 욕구 5단계

1단계: 생존과 관련된 욕구. 배고픔, 호흡, 잠자기에 대한 욕구.

2단계: 심리적, 신체적 안정을 포함하며 공포, 불안, 전쟁, 질병, 천재지변의 위기에서 벗어나고 싶은 욕구.

3단계: 동반자, 이웃, 친구에 의해 제공되는 애정과 친밀함을 추구하는 욕구.

4단계: 존중 욕구, 자기 자신과 다른 사람에게 존경받고 싶은 욕구, 즉 스스로 가치 있는 사람이라고 느끼는 것.

5단계: 최고의 단계. 자아실현으로 인간의 모든 능력을 최대한 개발하고 사용하고 싶은 욕구.

매슬로의 인간의 욕구 5단계로 느낌이 딱 왔다. 할렐루야! 내 잘못이 아니었다. 욕구가 채워지지 않아서였다. 그렇게 믿고 싶었다.

젖을 먹이던 시절, 화장실도 제대로 못 가는 나는 2단계만 빼고 모든 단계의 욕구가 충족되지 않았으며, 아이가 내 몸에 떨어질 수 있었던 시기에는 1, 2단계에 머문 욕구 충족을 하고 있었던 것이다. 내가 왜 삶이 우울하고 불만이 많아지고 감정 기복이 심한지 우연히 찾아본 이론으로 해결할 수 있을 것 같은 희망의 빛을 보게 되었다. 그럼, 일단 이 욕구를 하나씩 채워 나가볼까? 그 순간 이대로 신세 한탄만 하고 있지 말고 나를 위해 욕구를 채워 나가야겠다는 마음을 먹게 된다. 좋았어.

여러분은 어떠한가?

인간의 욕구가 채워지지 않는 삶, 나뿐만 아니라 많은 엄마의 삶이 이러할 것이다.

우리는 이제 알았으니 나를 찾아야 할 시간이다. 난 더 이상 이렇게 계속 감정 기복 심하고, 갈피를 못 잡는 엄마로 살고 싶지 않다. 나 자신을 제대로 들여다볼 시간이 온 것이다.

제 2 장

나를 만나다

그래, 계속 자책만 할 거야? 자책하고 나면 속이 시원하니?
아니, 더 우울하고 지금 나의 현재 상황이 아이들 탓,
남편 탓인 것 같아 더 자책하게 되고 기분도 별로야.
이제 욕구 충족을 위해 나를 제대로 알아봐야겠지?
진짜 어른이 되려고 하나 봐.
사랑하는 내 가족을 위해 그 밑바탕인 '나'를 사랑하고 싶어졌어.
일단 나를 만나는 시간의 여행을 떠나 볼까?

혼자 있는
시간의 자유

　　　　　　　　　　"도희 엄마. 오늘 뭐 해? 점심이나 같이
먹자. 어때?"

　큰아이를 어린이집 버스에 태워 보내고 손을 흔들면서 다른 아이
엄마와 점심 약속을 정했다. 집에 들어가 2살 된 찬희를 앉혀 놓고
집안일을 시작했다. 11시 30분까지 후문의 정자로 오라고 했으니 빨
리 서둘러야겠다. 청소기도 돌리고, 빨래도 널어야 하고, 머리도 감
아야 하는데 마음만 급하다. 11시 10분이 되니 찬희가 낮잠을 자고
싶어 했다. "지금 자면 안 돼! 엄마 밥 먹을 때 자야 해." 아이를 흔들
며 일어나라고 했다.

　맛있는 점심과 수다를 생각하니 발걸음이 가볍다. 식당에 도착하
고 음식이 나왔다. 찬희는 잠이 오는지 짜증을 내고 행동이 격해졌
다. 사탕과 츄잉 캔디를 식탁에 올려놓고 아이에게 하나씩 먹였다.
나는 밥을 삼키면서 아줌마들 수다에 귀를 열고 있느라 찬희의 의사
를 잘 파악하지 못했다. 다른 엄마들처럼 홀가분하게 혼자 와서 밥
을 먹으면 얼마나 좋을까 부러워하며 한 손에는 찬희를 안고 앉아있
었다. 시댁, 친정, 아이들, 선생님 이야기 등. 끝이 없다. 우린 매일 만

나도 할 이야기가 많다. 서로의 주장을 내세우느라 에너지를 다 빼면서 말이다. 식사 후 마지막 코스로 커피 한 잔을 하러 갔다. 잠을 못 잔 아이는 울기 시작했고, 결국 유대폰으로 뽀로로 동영상을 틀어주어 아이를 진정시킨 후 잠깐 커피 한 모금을 음미했다. 행복하다. 찬희가 조용하게 가만히 앉아 있으니 행복할 수밖에. 집으로 돌아오니 피곤이 밀려왔다. 찬희는 걸어오는 길에 잠이 들었다. 아이랑 같이 낮잠을 자고 싶었지만, 도희가 올 시간이 다 되었다. 그날 오후 나는 아이들에게 이유 없이 짜증을 내며 빨리 아이들이 잠드는 시간이 오기만을 기다렸다.

그 후 작은아이가 어린이집에 가게 되면서 두 녀석이 집으로 돌아오는 오후 3시까지는 온전히 나만의 시간을 가지게 되었다. 오늘은 동네 엄마들과 아이들을 보내놓고 집에서 믹스 커피 한 잔을 하기로 했다.

커피가 식기 전에 먹을 수 있는 여유, 오로지 대화에만 집중할 수 있는 이 시간. 내가 얼마나 바라왔던 시간인지. 좋다. 환상적이다. 시계를 보니 12시가 다 되어 간다. 어차피 점심을 먹어야 하니 자장면을 시켜 먹기로 했다. 도란도란 이야기를 나누며 상을 펴고 맥주 한 잔씩, 목만 축이며 맛있는 점심을 먹고 엄마들은 각자의 집으로 돌아갔다. 이제 2시간만 있으면 아이들이 온다. 자장면 그릇을 봉지에 담아 현관 앞에 놓아두고 집안일을 시작했다. 내 자유의 시간은 다 가버리고 있다. 오늘은 혼자 볼일도 보고 밑반찬도 좀 만들어 놓으려고 했건만, 벌써 2시 45분이다. 부랴부랴 신발을 신고 하원 버스정류장으로 향했다. 또 피곤하다.

알면서도 빠져나올 수 없는 엄마들과의 수다 시간. 그 수다 시간은 몇 년 동안 소통하지 못한 내 욕구를 마음껏 채워가는 시간이었다.

아니, 채워가는 시간이라 생각했다. 그날 아이들은 집으로 바로 가지 않고 놀이터에서 놀다 가자고 했다. 그래, 1시간만 놀자. 봄 햇살이 따스한 날 1시간만 놀기에는 시간이 짧았다. 저녁 5시가 넘어 집으로 돌아와 아이들을 씻기고 나니 6시였다. 마음이 급하다. 오전에 국이라도 끓여 놓았어야 하는데 뭘 해서 저녁을 먹나 고민을 시작했다. 오늘도 계란을 굽고 간장에 밥을 비볐다. 미안한 마음에 참기름을 조금 더 부어 고소한 냄새로 아이들의 입맛을 돋우었다. 뛰놀고 온 터라 반찬이 김치 한 가지임에도 저녁밥을 맛있게 먹어주는 아이들. 그런 아이들을 보면서 난 또 왜 미안한지. 미안한 마음에 내일은 꼭 반찬도 하고 국도 끓여야 한다고 다짐하며 설거지를 했다.

다음날, 오랜만에 일찍 집안일을 끝내고 아이들이 좋아하는 반찬을 만들어 냉장고에 넣으며 뿌듯한 하루를 시작했다. 오늘은 밥만 퍼서 아이들과 저녁을 먹으면 되니깐 놀이터에서 실컷 뛰놀게 하고 들어와야겠다고 생각했다. 아침 필수 코스, 커피를 한 잔 타고 TV 리모컨을 찾았다. 소파에 누워 채널을 돌렸다.

어제 본 걸 또 보고, 광고 시간이 길어지는 걸 느낄 때쯤 누워만 있다 보니 한쪽 귀가 아파졌다.

자세를 바꾸고 광고가 끝난 드라마를 집중해서 봤다. 세상에 이런 자유가 어디 있을까!

'오늘은 점심 약속 안 잡길 잘했어. 나를 위한 시간을 제대로 즐기고 있으니 얼마나 좋아. 바로 이거야. 벌써 점심이네! 라면 하나 끓여 먹어야겠다.'

라면 국물에 밥을 말아 먹고 다시 소파에 자세를 잡았다. 휴대폰을 만지작거리다 식곤증에 잠이 들었다. 피로가 풀리는 것 같았다.

하루는 바깥 약속, 하루는 집. 나름 나만의 자유 시간을 조정하며 시간을 알차게 보냈다.

어느 날 멍하니 TV를 보고 있는데, 누굴 만나고 싶어졌다. 심심했다.

전화번호 목록을 들춰보면서, '이 사람은 어제 만났고, 이 사람은 내일 만날 거고, 아. 언니 오늘은 어디 간다고 했지?' 하며 만날 사람을 고르고 있는 나의 모습을 보면서, 그토록 바라던 자유의 시간도 하고 싶은 만큼 충분히 즐기다 보니 지겨워지고 무의미한 삶을 사는 것 같았다. 욕구가 제대로 충족되지 않아 또 나름의 우울함과 무기력은 지속되었다.

온전히 아이들과 함께 있는 주말이나 방학이면 두 녀석은 나를 찾는다. 수시로 찾는다.

"엄마. 엄마. 엄마."

"엄마. 이거 봐봐."

"엄마. 어제 있잖아…."

"엄마. 누나가 또 때려!"

"엄마. 똥 싸도 돼?"

똥 싸고 싶은 것까지 물어보는 아이에게 말했다.

"똥 싸는 것까지 물어보고 싸니? 그런 건 물어보지 말고 얼른 가서 싸."

"엄마. 똥 다 쌌어."

아이의 똥을 닦으러 갔다. 똥 싸고 난 아이는 또 나를 부른다.

"엄마. 배고파."

"엄마. 식빵에 잼 발라주세요."

"엄마~!"

"야. 그만 불러, 엄마가 찬희야, 찬희야, 찬희야 하면서 이야기해볼까?

찬희야, 찬희야. 밥 먹어.

찬희야, 찬희야. 쓰레기 좀 쓰레기통에 버려라.

찬희야, 찬희야. 장난감 정리해.

어때? 좋아? 듣기 좋아? 기분 좋아? 엄마는 너희들이 '엄마'라고 부르면 일단 귀가 솔깃하고 무슨 일이 있나 신경 쓰인단 말이야. 사소한 것은 그냥 이야기해. 엄마 붙이지 말고!"

내가 생각해도 유치했다. 엄마보고 엄마라 부르는데 왜 그랬는지.

생각해 보니 혼자만의 시간을 즐기긴 하지만, 내게 채워지지 않은 욕구를 골고루 채우려고 노력하고 있는 것은 아니라는 생각이 들었다. 그동안 3단계 욕구는 어느 정도 충족한 것 같으니, 이제 4, 5단계의 욕구를 채우는 시간을 가져야겠다 다짐했다.

나는 과거에는 행복이란 물질적인 것들에 대한 만족도에서 나온다고 생각했다. 결혼하기 전에는 물질적인 부분이 해결되어 행복하다고 생각했다. 하지만 27살에 결혼이라는 또 다른 현실도피를 선택했던 난 결혼이 현실도피가 아니었고 외면했던 현실을 더 뚜렷하게 보게 해주면서, 나를 위해 어떻게 살아가야 하는지를 명확하게 짚고 넘어가야겠다는 생각이 들었다.

엄마, 세상 밖으로 나가다

〈삼 년 고개, 백 년 고개〉라는 전래동화가 있다. 삼 년 고개에서 넘어지면 삼 년 밖에 못사는데, 어느 날 박 영감이 히필 삼 년 고개에서 넘어졌다.

집안은 초상 분위기가 되었는데, 아들이 웃으며 박 영감에게 이야기했다.

"아버지, 오래 살 방법이 있으니 걱정하지 마세요."

박 영감과 아들은 다시 삼 년 고개로 갔다. 아들은 아버지에게 데굴데굴 구르라고 말했다.

"한 번 넘어지면 삼 년 산다니까 열 번 넘어지면 삼십 년을 살잖아요."

그 말을 들은 박 영감은 데굴데굴 구르며 삼 년 고개를 넘었다. 얼마나 굴렀는지 박 영감은 100년을 살았다고 한다. 그 뒤로 삼 년 고개는 백 년 고개가 되었다. 이 이야기는 중국과 일본에 전해지는 이야기다.

컵에 물이 반밖에 안 남았다고 생각하며 아까워하지 말고, 아직 반이나 남았다고 생각하면 상황이 뒤바뀔 수 있다. 혼자의 자유 시간 동안 이웃과 친구와의 애정을 쌓았다고 생각하자. 늦었다고 생각하지 말고 다른 욕구를 채우기 위해 어떻게 해봐야겠다는 결심을 해보자.

3단계의 욕구를 채운 엄마라면 나처럼 다른 욕구를 채우기 위해 노력해 보는 건 어떨까?

시간이 아깝다. 지금 당장 TV 리모컨과 휴대폰을 내려놓고 식탁에 앉아 종이와 연필을 들어 보자.

책과
친구가 되다

27년 동안 살면서 내가 끝까지 읽었던 책은 『오만과 편견(Pride and Prejudice)』 단 한 권이었다. 학창시절에 책 읽는 친구들을 보면 '공부 다 했나 보네. 책 읽는 여유도 있네.' 하며 책은 여유로운 사람과 지식인만의 취미 생활이라 생각했다. 나는 졸업 후 안양에서 근무했다. 직장인 시절에는 고등학교 친구들과 자주 강남역에서 만나 소비를 하며 취미 생활을 즐겼다. 친구들과 헤어지면 강남역에서 인덕원에 있는 집으로 돌아가야 했다. 버스나 지하철에서 많은 시간을 보내느라 뭐 할까 싶어 책 한 권을 산 것이 바로 『오만과 편견』이었다. 나 자신에게 실망하기 싫어 끝까지 읽었던 기억이 난다. 그것이 독서하는 나의 모습이었다. 아이를 낳고 나서는 육아서를 닥치는 대로 읽었다. 편식하듯 책을 보던 내가 막상 식탁에 앉아 있는 습관을 들이려고 하다 보니 뭘 해야 할지 몰랐다. 어느 날 문득 책이나 읽을까 싶어 그날도 아이의 교육 관련 육아서를 구입했다. 그 책에서 엄마 마음 다스리기 부분에 소개된, 세계적으로 유명한 내면 아이 치유에 관련된 책의 인용구를 읽게 되었고 그 책을 주문하게 되면서 자기계발, 심리 부분을 다룬 책으로 책을 고르는 안목이 넓어졌다. 읽고 싶은 책을 읽다 보면 그 책 속에 인용된 책이나 추천 책을 알게 되고, 또 그 책을 사서 읽게 되면서 바빠지기 시작했다. 보고 싶은 책이 많아지고 시간을 계획적으로 보내게 된 것이다. 그날도 아이들을 보낸 후 집안일을 빠른 속도로 해놓고 책을 읽기 시작했다. 좋아하는 분야가 생기고, 관심 가는 분야의 책을 읽으니 시간이 잘 갔다. 밖에서 점심을 먹고 차를 마시고 돌아온 후의 에너지와 온전히 나 혼자 집에서 책과 함께 보낸 시간 후의 에너지는 느낌이 상당히 달랐다. 그리고 심심할 틈이 없었다. 책을 읽으며 독서의 매력에 빠지게 되니, 아침에 차 한잔하자는 주변의 권유에도 "오늘 어디 가야 해. 미안해. 다음에 마시자." 등의 인사와 함께 집으로 돌아올 수 있는 용기 있는 내 모습을 보게 되었다. 장하다, 홍보라!

그리고 미안함에 피곤해도 오늘만, 오늘만 하던 내가 조금씩 달라졌다.

날이 좋을 때나 주말에 아빠가 바쁠 때 우린 집 옆 놀이터와 공원을 순회한다. 처음에는 뭘 하고 놀까 싶지만 매일 가도 놀잇거리를 찾고 술래잡기를 하는 아이들이다.

한 번 가면 3, 4시간씩 놀 때도 있다. 놀다가 친구가 가버리면 다른 친구들과 놀고 놀 친구가 없으면 남매들끼리 논다. 아이들을 기다리면서 1시간 정도 지나면 내가 꼭 물어보는 질문이 있다. "이제 집에 갈까?" 아이들은 땅을 발로 쿵쿵거리고 몸을 뒤로 젖히면서 싫다는 표현을 해댔다. 자주 보고 싶지 않은 모습 중 하나다.

"알겠어. 안 갈 것 같았어. 혹시나 해서…."

벤치에 앉아 하늘을 바라보는데, 미끄럼틀을 올라가는 아이의 엉덩이를 받쳐주고 계단에서 넘어질까 봐 옆에 붙어 놀이터 도우미를 했던 내 모습이 눈앞에 스쳐 지나갔다.

"내 팔자 폈다 폈어. 예쁜 내 새끼들. 많이 컸네. 좋다 좋아."

벤치에 앉아 엉덩이를 붙이고 있을 수 있다는 여유에 감사함도 잠시, 또 지루해졌다. 그래도 애들만 두고 집에 갈 수 있을 만큼 아이들이 크지 않았기에 또다시 집에 가자는 말만 할 수밖에 없었다.

"아이스크림 사줄게. 가자."

"이제 가서 씻고 TV 보자."

"애들아~!"

아이들은 "좀 더 있다가요~."로 본인들의 생각을 확실히 이야기했다! 어휴~ 입만 아프지 뭐.

어느 날 놀이터를 갈려고 물과 간식을 챙기는데, 문득 식탁에 있던 에세이 한 권이 눈에 들어왔다.

'음…. 애들이 노는 동안 저거나 가서 읽을까? 그렇지, 좋은 생각이네.'

가방에 그 책 한 권과 연필도 챙겨 넣었다. 눈부신 따뜻한 햇살 아래 아이들이 노는 모습과 신나는 목소리, 그 옆에 여유를 즐기며 책을 보는 엄마. 천국이 따로 없었다.

하지만 아는 사람들이 지나가지 않을 땐 편하게 책을 보곤 하다가 친구 엄마가 지나가거나 아이와 함께 놀이터에 왔다는 걸 알고 나면 나도 모르게 책을 숨기게 되었다. 그랬다. 책이 아직 나와 혼연일체(渾然一體)가 된 것이 아니라 한 몸이 되는 과정이었던 것이다.

남의 눈을 의식하고 있자니 지나가던 다른 사람들이 '저 엄마 유별

나 밖에 나와서까지 책을 읽는 거 보니까 책 엄청 좋아하나 봐.'하고 생각할 것 같았다. 평소 친분이 있는 동네 언니는 인사도 못 하고 멀리 떨어져 앉아 내가 고개를 들 때까지 기다리기도 했다. 혹시나 책 읽는 걸 자랑하는 것처럼 보면 어떻게 하나 싶었다.

그렇게 노력하고 의식해서 책 읽는 사람이 되려고 했던 내가, 지금은 책이 어느새 내 몸과 일심동체(一心同體)가 되어 늘 가방과 손에 책을 들고 다니는 사람이 됐다. 그런 생활을 1년 정도 하고 나니 이제는 밖에서 책을 보며 아이들을 기다리는 동안 남을 의식하거나, 빨리 집에 가자고 닦달하지 않는다.

아이들이 목이 말라 뛰어오면 함께 물 한 모금씩 마시며 쉬다 책을 보고, 아이들도 엄마의 재촉에 벗어날 수 있었다.

내 친구 책.

혼자 밥을 먹을 때도 함께하고,

시간이 남으면 휴대폰이 아닌 책에 줄을 긋고,

TV 보는 시간이 줄어드니 전기세도 줄어들게 해준 고마운 내 친구 책!

이젠 그 친구를 하루에 5분이라도 만나지 않으면 불안하고 초조해진 내 모습을 볼 수 있다.

아이들을 재워 놓고 책으로 나만의 시간을 보내며 책 읽는 여자, 공부하는 여자가 되어 갔다.

똑같이 혼자만의 시간을 보내는데, 책 읽는 시간 후의 나는 피곤하지 않았고 무엇인가 꽉 찬 머리와 가슴으로 일을 효율적으로 처리하며 여유롭게 행동하는 나 자신을 느낄 수 있었다.

시댁으로 가는 기차 안에서 종종 아이들이 휴대폰 게임을 하고 싶어 할 때가 있다.

예전 같았으면 두 아이에게 휴대폰을 주고 할 것이 없었던 나는 기차를 타고 가는 시간이 지루했을 것이다. 그러나 이젠 책이란 친구가 나를 부른다. 자기랑 놀자고.

아이들과 게임을 할 시간을 함께 정하고 약속한 시각이 될 때까지 나는 가방에 넣고 온 책을 꺼내 줄을 쳐가며 내 생각을 쓰면서 기차를 타고 가는 따분함을 혼자만의 여유로 즐기게 됐다.

그리고 청소하는 시간도 줄어들었다. 단점 같은 장점이지만. 청소에 강박 관념이 있던 내가 하나씩 내려놓게 되었다. 칫솔을 삶는 주기는 3일이었고 책장을 닦는 것도 2~3일씩 반복했던 내가 꼭 그렇게 하지 않아도 살아가는 데 큰 문제가 없다고 생각하게 됐다. 즉, 살면서 어디에 초점을 맞추고 사는지가 달라진 것이다. 내 시간이 많아지면서 청소라는 것에 많은 에너지를 소비했던 나의 삶이 변화했다. 책은 많은 힘을 가지고 있다. 책은 삶을 대하는 나의 자세와 시간 활용을 변화시켰고, 무엇보다 나를 외롭게 하지 않았다.

항상 내 곁에 있었고 내가 집어 들 때마다 거절하지 않았으며 있는 그대로 받아주는 내 친구, 책.

만약 여러분이 자신의 삶에 만족한다면 꼭 책을 읽을 필요는 없다.

그러나 전보다 조금 나아진 삶을 살고 싶다면, 삶의 습관을 바꾸고 육아가 편해지고 싶다면 내 경험상으로는 꼭 책을 읽기 위해 애써야 한다고 말하고 싶다. 책 읽는 것이 이미 삶의 한 부분으로 체화(體化)된 사람이 아니라면, 한 달이라도 책 읽는 노력을 하다 보면 책이 주

엄마, 세상 밖으로 나가다

는 힘을 알게 될 것이다.

"생각하는 힘, 풍부한 간접 경험, 나와 타인, 나아가 세상을 이해하는 단단한 내공을 기를 수 있는 방법이 독서다. 일과 삶 양쪽에서 나를 성장할 수 있게 도와주고 눈앞의 문제에만 매달리느라 중요한 결정을 그르치고 후회하지 않도록 이끌어 주는 유일무이한 도구가 책이다."

— 사이토 다카시(齋藤孝, 1960년~), 『독서는 절대 나를 배신하지 않는다』 中

쓸모없는 책이란 없다. 에세이나 신문의 칼럼이라도 지금 즉시 읽길 바란다.

독서는 아이를 키우며 하나의 인격체로 삶을 살아가면서 어떤 위기에도 좌절하지 않고 실패하지 않을 수 있는 제일 빠른 길이다. 우울증과 감정 기복으로 1등인 다혈질 엄마의 경험에서 말하는 것이다.

엄마로 사는 데 있어서 위기 상황이란 생각이 들면 얼른 실행에 옮기자. 지금이라도 늦지 않았다.

함께 읽기

"서로 떨어져 있으면 한 방울에 불과하다.
함께 모이면 우리는 바다가 된다."

— 류노스케 사토로

이처럼 함께 읽기의 힘은 거대하다.

집에서 책을 읽는 시간이 조금씩 늘어나기 시작했다. 도서관에 가서 책도 빌려보고 서점에 기웃거리는 일도 많아졌다. 제목만 보고도 사고 싶은 책을 고를 수 있었지만, 좀 다른 분야의 책이나 스타일을 고르는 게 쉽지 않았다. 책을 뒤적거리고 목차를 보면서 '이 책은 뭔가 확 당기는데?'라고 생각하다가도 책장을 넘겨 읽다 보면 몇 장 읽고 덮어버리는 경험 또한 늘어났다.

인터넷 서점 베스트셀러 위주로 책을 검색하다가 혹시 책 읽는 모임이 있으면 나가보고 싶어졌다. 밖으로 나가서 소통하는 걸 제일 좋아했던 나는 책을 통해서도 나가고 싶어지게 됐다. 천안에는 어떤 독서모임이 있나 알아보다 문득, 예전에 모임 장소를 찾다 알게 된 북

카페 〈산새〉가 떠올랐다. 집에서도 가깝다. 버스가 한 번에 데려다 줄 수 있는 최적의 장소나. 버스에 내려 북 카페를 찾아가는 그 길이 마법의 집에 가는 길처럼 설렜다.

아는 사람 한 명도 없는 그곳에 문을 열고 들어가서 인사를 건넸다. 따뜻한 커피 한 잔을 시키고 카페를 구경하기 시작했다. 한쪽 벽에 붙은 독서모임 리스트가 눈에 들어왔고 계산대에 있던 선생님이 친절하게 설명해 주셨다. 내가 바라던 책과 함께 삶을 살아가는 이야기를 할 수 있는 곳이 있다는 느낌이 좋았다. 새로운 삶의 활력소가 될 것 같은 기분이었다.

모임을 나가다 보니 다양한 사람을 만날 수 있었다. 여러 분야의 책을 읽는 사람, 문학만 읽는 사람, 철학서와 고전을 좋아하는 사람을 만나게 되고 그들의 이야기를 들을 수 있었다. 그들의 삶은 참신했고 나 또한 그들을 닮고 싶었다.

육아서와 자기계발서 위주로 책을 고르는 폭이 좁았던 나는 소설책을 고르는 것도 힘들었다.

그래도 여러 분야의 책을 직접 읽어본 사람들의 생생한 후기를 눈을 마주치며 듣는 것은 최고의 서평을 실감 나게 들을 수 있는 방법이었다. 〈산새〉를 자주 가면서 학창 시절부터 헤르만 헤세(Hermann Hesse, 1877~1962년)를 좋아했다던 그녀를 만나게 됐다.

몇 번 인사하고 개인적 이야기를 조금씩 하게 됐다. 그녀에게 책에 관한 나의 고민을 털어놓았다.

"선생님, 이런 책도 읽으세요? 저는 요즘에 다른 종류의 책을 읽고 싶은데 방향을 못 잡고 있어요."

"아, 독서모임에서 함께 읽기로 한 책도 있고, 궁금해서 읽는 책도 있어요."

그녀가 들고 있는 책은 심리분석 서적, 고전, 철학서 등 내가 접근하지 않았던 분야의 책으로 가득 차 있었다. 범상치 않은 여인 같았다. 그녀 역시 10살, 8살 형제를 키우는 엄마다.

책을 좋아하는 그녀를 닮고 싶어지고 친해지고 싶어졌다. 몇 년 동안 어떤 사람과 닮고 싶다는 생각은 해보지 않고 살았었다. 이후 우린 틈만 나면 〈산새〉에서 만나 서로의 안부도 묻고 고민도 나누며 조금씩 마음을 열었다.

"나, 다른 장르의 책을 읽고 싶어요."

"선생님. 저에게 추천 좀 해주실래요?"

"제가 보던 책은 자기계발서나 에세이 종류인데, 이런 책과 함께 읽을만한 책을 추천해 주세요."

"아, 그럼 하루만 시간을 주세요. 제가 한번 생각해볼게요."

하루도 가기 전에 그녀는 내게 헤르만 헤세의 『환상 동화집』을 추천했다.

헤르만 헤세? 이 책은 다양한 소재와 주제가 어우러져 세계에 대한 비판과 성찰, 묵시록적 암시를 담고 있는 세계적으로 유명한 문학이라는 것을 알게 되었다. 도전해보고 싶었다. 그냥 가볍게 '읽어 봐야지.'가 아닌, '도전'하는 자세로 오래 걸리더라도 끝까지 읽고 싶어졌다. 이 책을 시작으로 깊이 있는 문학, 『논어(論語)』, 니체(Friedrich Wilhelm Nietzsche, 1844~1900년)의 책 등 혼자 읽었다면 힘들었을 책을 끌어주는 누군가와 함께 읽게 됐다.

어느 날부터 매주 목요일의 스케줄이 갑자기 비게 되었다. 무엇을 할까 고민하다 목요일에 열리는 모임 중 낭독 모임이 있다는 것을 알게 됐다. 그 모임에서 선정한 책은 니체의 『차라투스트라는 이렇게 말했다』였다.

'어머나, 니체? 들어보긴 한 것 같은데. 또 한 번 도전해 봐?'

철학서나 고전을 읽는 것은 나에게 도전이었다. 하지만 함께할 수 있으니 겁나지 않았다. 모임에 나가 한 챕터씩 돌아가며 낭독했다. 그리고 각자 생각하는 것에 대해 이야기를 나누고, 이해가 되지 않는 부분은 서로의 생각을 끄집어내고 풀어 곱씹었다.

이처럼, 함께 할 수 있었기에 니체에 대해 알게 되고 니체를 이해하게 됐다.

이런 경험이 쌓이다 보니 아이들에게 항변을 제대로 하고 싶다는 생각에 『소크라테스의 변론』을 읽었던 적도 있다. 지금 생각하면 좀 웃기긴 하지만, 나에게는 아주 큰 변화고 성장이었다. 육아서에서 철학서까지 읽게 된 것은 사람들과 함께 읽고, 함께 이야기 나눌 수 있었기 때문이다. 그렇게 나는 여러 종류의 책을 좋아하는 엄마, 여자가 됐다.

모임 앱(application) 알림이 울렸다.

"이번 달부터 주제를 하나 선정해서 이야기를 나눠 볼까 해요. 주제는 '불안'입니다. 삶에서 불안은 어떤 의미일까요? 내 안의 불안을 정리하고 2017년을 함께 떠나보내는 시간을 갖는 건 어떨까요?"

모임에서 한 달에 한 번 하나의 공통된 주제로 제한 없는 이야기를 나누는 시간이다. 주제와 관련된 책을 추천받았다. 페르난두 페소아

(Fernando Pessoa, 1888~1935년)의『불안의 책』, 알랭 드 보통(Alain de Botton, 1969년~)의『불안』, '조지프 르두(Joseph Ledoux)의『불안』중 페르난두 페소아의『불안의 책』을 골랐다. 다 읽지는 못하더라도 사서 읽어 봐야겠다 싶어 주문했다. 그리고 주제 토론을 준비하면서 페르난두 페소아에게 빠져 버렸다. 그에 대해 알고 싶어졌다. 그 작가가 궁금했다. 새로운 작가와 책을 알게 될 때의 감정은 보물찾기를 하는 것과 같았다.

짜릿함, 환상적인 느낌, 설렘, 흥분! 말로 표현이 안 되는 감정이었다.

이번에 페르난두 페소아에게 초점을 맞추고 책을 읽으며 하고 싶은 말과 생각을 정리해서 모임에 참석했다. 그리고 똑같은 책을 읽어도 생각하는 것과 느끼는 것이 이렇게 다를 수 있다는 것을 깨달았다.

3개의 추천 책 중에서 선택한 책이 다 달랐고, 불안에 대해 생각하는 것 또한 서로 너무나 달랐다. 우린 2시간의 주제 토론을 위해 각자 책을 읽고 이야깃거리를 준비해서 온 것이다.

함께 한다는 것은 매우 큰 힘을 주는 일이다. 나는 독서 모임뿐만 아니라 다른 일에도 광대한 힘을 느낄 수 있었다. 모임의 주제인 불안에 대한 이야기가 이어졌다. 이전까지 내가 느끼는 불안은 경제적인 부분에서 오는 불안함이 가장 컸다. 다른 분들은 재난, 질병, 죽음, 아이의 미래에 대한 불안, 사회에 대한 불안 등 여러 가지 견해를 제시했다. 깊이 있게 생각하며 알지 못했던 부분까지 짚고 넘어갔다. 남들보다 불안함이 매우 크다고 생각했던 내가 다른 사람의 의견을 듣다 보니 별로 불안하지 않게 살고 있다는 것을 깨달았다. 생각보다

엄마, 세상 밖으로 나가다

긍정적으로 살고 걱정 없이 사는 나의 모습을 발견하게 됐다. 혼자였다면 깨닫지 못했을 것들을 함께 읽고 이야기 나누다 보니 알게 된 것이다.

오늘도 아침 일찍 집안일을 하고 아이들을 보낸 후 커피숍에 왔다.

하루 3,800원. 500원을 더 주면 카페라테를 먹을 수 있지만, 아메리카노를 시켰다. 내일까지 책을 읽고 정리해야 하는데 시간이 얼마 없다. 의자에 몇 시간씩 앉아 책을 본다. 커피값도 안 아까울 만큼 오래 앉아 있었다.

책에 몰입한다. 그들과 함께하고 싶기에. 오랜 시간이 지난 후 마지막 책장을 덮었다.

이렇게 가끔 목표를 정해 놓고 책 읽기를 하다 보면 성취감을 느낀다.

커피 한 잔과 혼자 조용히 사색하는 시간, 내면을 가득 채웠다. 내일 함께 할 모임을 위해서.

함께 읽기의 힘은 거대하고 위대하다.

여러분도 책 읽기가 잘 안되면 주의에 독서모임이 있나 찾아볼 것을 권한다.

만약 없다면 내가 모임을 만들어 주위에 함께할 사람들을 모아 보자.

시작이 반이다.

글 쓰는 삶

"감정은 절대로 숨기거나 감추면 안 된다. 있는 그대로, 정직하게 표현해야 감정이란 녀석이 스스로 물러나는 것이다. 그렇다고 부정적인 감정을 날 것 그대로 드러내는 것은 현실적으로 불가능하며, 긍정적 감정 또한 마찬 가지다. 글쓰기는 이러한 감정들을 남김없이 쏟아부을 수 있는 유일한 방법이다."

— 이은대, 『내가 글을 쓰는 이유』 中

아이들과 싸우는 날이면 감정 조절이 되지 않을 때가 있다. 잔뜩 쌓인 감정을 어디 풀 곳이 없다.

화를 삼키는 중에 아이가 말을 건다.

"엄마, 아직도 화났어?"

"엄마한테 말 걸지 마. 그냥 내버려 둬. 자꾸 말 걸면 화가 더 나니깐 건들지 마."

빨래를 탈탈 털며 무서운 분위기를 만들었다.

그날 밤, 잠이 오질 않았다. 책을 읽으며 나름 마음을 다스리고 평온한 시간이 많아졌다고 생각했다. 열 번의 화를 일곱 번으로 줄일

순 있었지만, 내가 왜 화가 났는지, 화를 낸 후의 내 감정은 어떤 느낌인지 감이 잡히면서도 확실하지 않았다. 답답하다. 도대체 뭐가 문제인 건지, 또 제자리인가 싶어 무서워졌다. 그래도 항상 성인군자처럼 아이들을 대할 수는 없다. 아니, 어쩌면 성인군자처럼 아이들을 키우고 싶었다는 말이 맞을 것 같다.

아이를 위해서… 늘 한결같은 성인군자 스타일의 엄마는 절대 될 수 없다는 걸 알면서도 그렇게 하고 싶고 지키고 싶었다. 겉과 속이 다른 엄마 같다고 느꼈다. 신랑은 회식으로 늦을 예정이었다. 누군가에게 이야기하고 싶었지만 늦은 밤이라 전화를 걸 수도 없었다. 식탁에 앉아 수첩을 꺼내 펜이 가는 대로 글을 써 내려갔다.

10월 17일.

마음아. 왜 화가 났니?
내 마음아. 내 몸이 아프니 몸도 마음도 힘들었니?
아이들이 게임을 하는 모습이 많이 불안하니?
당장은 큰일이 날 것 같지 않지만, 패배자가 되고 낙오자가 될 것 같았니?
마음아, 내 마음아. 네가 원하는 것이 무엇이니?

"나는 아이들이 심심해지면 게임보다는 다른 놀이를 하며 노는 것이 더 좋다고 생각했어.
아이들을 위해서 말하고 싶었어. 참을성, 이해, 너그러움이란 마음속 보석이 아직 발견되지 않아 '화'의 단계로 바로 넘어갔나 봐."

마음아! 속상하면 크게 숨을 쉬어 보자.

그날 밤 내가 수첩에 쓴 글을 여기에 옮겨 본다. 세상에, 신랑에게 이야기하는 것보다 훨씬 편안하고 속이 시원해졌다. 왜 내가 화가 났고 내 마음이 어떠한지 수첩에 글로 쓰니 정리가 됐다. 맞아, 휴대폰 게임을 하는 저 모습을 보고 있으니 불안하고 아이의 미래가 염려스러웠던 것이었고, 글은 내가 아이를 믿지 못하고 있다는 것까지 알려주었다.

펜을 놓고 생각에 잠겼다. 내 마음이 나에게 하는 말을 되새기며 정리하고 싶어졌다.

한숨 크게 쉬고 나니, 자는 아이들을 깨우고 싶어졌다. 미안해서. 사과하고 싶었다.

그때부터 생각나는 대로 아이와의 마찰, 생활 속 어려움, 여러 가지 고민을 적어 내려갔다. 적다가 해결법이 생각나고 벌써 나 스스로 어떻게 해야 하는지에 대해 알고 있다는 것을 느끼게 됐다. 늘 수첩을 들고 다니며 문득 생각이 나는 것을 적고, 특히나 아이들에게 화를 낸 날에는 더 많이 끼적거리는 시간을 가졌다.

엄마, 세상 밖으로 나가다

11월 16일. 마음 들여다보기.

왜 다 나보고 잘못했다고 하는 거야?

아, 내 마음아….

왜 화가 났을까?

마음아. 긴장하고 힘듦에 답답했니? 모든 걸 너에게 맡기고 네가 잘해야 한다는
부담감에 힘들었니?

내 마음속에 쌓인 화는 아이에게 그대로 갔다.

아이의 아픔을 헤아려 주기 싫었다.

자기의 실수나 자기 일의 결과를 엄마의 탓으로 돌리는 아이가 싫고 미웠다.

왜 나보고 다 잘못했다는 거야?

너의 실수를 왜 나한테 넘기냐고, 너무 억울해 소리를 고래고래 질렀어.

그래서 마음이 아프다.

5살 아들의 속상함을 외면한 채 나의 억울함을 소리 질러 이야기한 것에 반성
한다.

내 마음도 힘을 내자.

마음아, 힘내!

　

이 글을 쓴 날은 처음 적은 10월로부터 한 달이 지났을 때다. 한
달 후의 글에 변화가 보이는가? 더 정확하고 구체적으로 쓰려고 노력
한 것이 느껴질 것이다.

처음에는 낙서라 생각했다. 3년 정도 지나니 이것이 글쓰기의 시작
이었음을 알 수 있었다.

몇 번씩 마음에게 물어봤다. 비슷한 상황에 똑같은 이유로 화를 낸

다는 것 또한 알게 되었다. 역시 사람은 한결같다. 화내는 초점도 한결같으니. 내 마음을 들여다볼 수 있었고 이것을 통해 조금씩 감정조절이 가능한 엄마가 될 수 있었다.

이것은 책을 읽고 서평을 쓰는 것과도 연결되었다. 책을 읽다가 감동적인 문장을 만나게 되었을 때 밑줄을 치고 형광펜으로 색칠을 해도 감정이 가라앉지 않을 때가 있다. 그럴 때는 독서 노트를 만들어 나에게 깨달음을 준 문장과 좋은 문장을 옮겨 적고 그 밑에 내 생각을 느끼는 대로 썼다. 사진을 찍어 SNS(Social Network Services) 메인 사진으로 올려보기도 했다.

필사를 하면서 가슴과 머리에 와 닿는 것을 혼자 발광하다 곱씹어 삭힐 수 있게 됐다. 책에 줄만 치고 넘어갔던 것보다 훨씬 내 것이 되었으며 독서 노트를 한 권씩 끝낼 때마다 굉장한 희열을 느낄 수 있었다. 『논어』를 한 권 끝냈을 때는 끈기라고는 없었던 나 자신이 변화되는 모습까지 볼 수 있었다.

이렇게 책과 글 쓰는 삶을 살아가다 보니, 아이들이 집으로 돌아왔을 때 피곤함보다 활력이 넘치고 아이들에게 유(柔)한 엄마가 아주 유하게 육아를 하는 날이 많아졌다.

내가 몸소 겪은 글쓰기의 삶은 어떤 자기계발 트레이닝 수업보다 돈과 시간을 적게 들이고 할 수 있는 가장 좋은 방법이었다.

예전의 나는 감정 조절이 잘 되지 않았다. 감정을 표현하기 쉽지 않았다. 나를 잘 알지 못하고 살았다. 나의 화내는 모습에 실망하고 아이를 품어야 하지만 잘 품지 못하는 것 같다는 죄책감에 살았다. 벗어나고 싶을 때마다 무엇이 문제일까 고민만 했다. 이젠 글쓰기가 이 모든 것을 해결해 줄 수 있는 유일한 방법이라는 것을 알았다.

밑져야 본전이다. 종이와 펜만 있으면 된다. 이런 좋은 아이템이 어디 있을까?

본인은 통하지 않을 거라 생각하지 말자. 꾸준히만 하면 얼마든지 남는 장사다.

나의
울타리

　　　　　　　　　　"여보. 나 엄마들 모임 하나 만들어서 해
볼까 해."

　"응? 어떤 모임인데?"

　"육아 고충이나 교육적인 부분에 대해 이야기 나누는 모임?"

　"갑자기 왜? 그런 거 나서서 하지 말지. 혹시 누가 뭐 같이하자고 했
어? 물건 팔거나 돈 빌려주는 건 절대로 안 돼!"

　"여보. 오늘 육아 박람회에 갔다 왔는데 책을 몇 권 샘플로 받아 왔
어. 찬희가 요즘 자연관찰 쪽 책을 많이 읽는데 지금 읽는 책은 도희
때 중고로 샀던 책이라 10년 정도 된 거 같아. 그래서 다시 전집 한질
들이고 싶기도 해서 달라고 했지. 봐 봐. 쟤 엄청 잘 보지? 가격만 안
비싸면 사주고 싶은데, 저건 ○○에서도 안 팔더라고."

　"집에 책이 저렇게 많은데 또 사? 혹시 거기 영업사원이 자기한테
사라고 한 게 아니야? 전집 사면 또 뭐 준대?"

　"아 뭐야, 왜 맨날 내가 뭐 좀 한다고 하면 의심하고 그러는 건데.
됐어. 내가 알아서 할 거니깐 자긴 자기 앞가림이나 잘해!"

　　　　　　　　　　　　　　　　엄마, 세상 밖으로 나가다

4년 전 우리 부부의 대화다. 결혼 후 신랑은 나를 많이 사랑해 주고 배려해 줬다. 여담으로 시댁에선 신랑을 다리 밑에서 주워 왔다 할 정도로, 신랑은 그 집안에서는 볼 수 없었던 로맨틱 가이로 통했다. 아직도 일어나면 내 볼에 뽀뽀를 해주는 로맨틱 가이다. 아이들과 함께 있는 짧은 시간에도 방귀 한 번으로 웃음을 주는 유머러스하며 로맨틱한 가정적 남편이자 아빠다.

 그러나 사람이 다 완벽할 수는 없지 않은가? 이렇게 좋은 남편이지만, 제일 중요한 '대화가 잘 안 된다'는 문제가 있다. 신랑의 지나친 사랑은 가끔 잔소리로 들렸고 내 자존심을 상하게 하는 말을 많이 할 때마다, 나는 내 감정을 억제하고 스스럼없이 말할 수 있는 것과 없는 것을 머릿속으로 생각하며 부부의 대화를 이어 갔다.

 어디 가서 신랑에 대해 불만을 이야기하면 다들 복에 겨운 소리를 한다고 했다. 안다. 알지만, 가끔 신랑과 소통이 잘 안 되고, 내가 원하는 감정 교류의 스타일도 너무나 다를 때가 있었다. 사랑은 걱정으로, 걱정은 화로 표현하는 신랑의 방식에 큰 상처를 받은 적도 있다.

 물론 그의 말이 틀리지 않을 때도 있다. 그러나 맞는 말이라도 말하는 태도나 억양에 상처를 받았다.

 신랑이라서 삐딱하나? 신랑은 자기는 그런 의도가 아니라고 말한다. 그 말조차 싫다.

 이런 일들이 계속 반복되고 부부싸움의 원인이 되었다. 일방적인 대화, 공감과 소통이 없는 대화가 이어진 지 7년째…. 신혼 때는 대화가 안 돼도 좋았고 소통이 안 된다고 느끼지도 못하며 살았었는데, 어느새 내가 이렇게 말이 안 통하는 사람이면 애초에 결혼을 안 했을 거라고 생각하는 지경까지 이르렀다. 그래도 삭히고 누르며 가정의 평화를 위해 노력했다. 이런 내 모습을 본 신랑은 이렇게 말했다.

"너만 힘들 줄 알아? 네 말이 다 정답이잖아. 네 말대로 안 되면 다 내 탓이고, 그냥 네 말 듣는 게 내가 살 길이다."

공격, 상처, 공포, 분노, 미움만 남는 반복되는 말싸움. 우린 이런 분위기가 조성되면 서로 입을 닫았다. 기운 빼지 말고 서로 눈치껏 하자고 했다.

반복되는 싸움을 통해 얻은 학습의 결과는 방어였다. 그리고 나를 지킬 방법은 무시(無視)와 묵언(默言)이었다.

복숭아가 제철일 때의 일이다. 시댁을 가는 길에 복숭아를 판매하는 노점을 본 신랑이 내게 말을 걸었다.

"복숭아나 사 갈까?"

"그러던지."

신랑은 복숭아를 사러 내렸고, 아이들과 나는 차에서 기다렸다. 그런데 신랑은 오질 않고 아주머니와 실랑이를 벌이는 듯한 모습이 보여 앞 좌석 창문을 내리고 그를 불렀다.

"여보 왜 그래?"

"아니, 옆에 사람은 덤을 저렇게 주면서 우리는 몇 개 안 주잖아. 더 달라고 하니깐 들은 척도 안 하시길래 사람 차별하냐고 했지."

그 순간, 나는 창피해서 신랑 편을 들지 않았다. 안 먹으면 됐지…. 안 사고 그냥 오면 될 걸 저러고 있는 신랑이 마음에 들지 않았다. 그래서 신랑에게 그냥 오라고 했다. 다시 차를 몰기 시작한 그는 계속 투덜대고 화를 냈다. 그런데 꼭 나에게 화를 내는 것 같고, 나에 대한 불만을 저기 복숭아 아줌마에게 푼다는 생각이 들었다. 우리는 서로 감정이 많이 상한 상태라 바늘로 꼭 찌르면 터질 듯한 풍선처럼 감정이 빵빵한 상태였던 것이다. 이 사건을 계기로 우리는 또다시 소리를 고래고래 지르며 싸우기 시작했고, 서로 더 큰 목소리를 내기 위해 목 놓아 소리 질렀다. 그러다 어느 순간 내 눈에서 눈물이 주르륵 흘러내렸다. 아이들이 뒤에서 그 모든 것을 지켜본다는 것조차 의식하지 못한 채 감정이 복받친 나는 차에서 내렸다. 아이들은 공포에 휩싸인 모습으로 나를 잡았다.

"엄마 가지마. 엄마 가지마! 엄마 같이 가, 엄마…안 돼. 안 돼!"

차에서 내리자 어디로 갈지 막막했다. 실연을 당한 여자처럼 눈물을 닦으며 지하철을 탔고 시댁을 찾아갔다. 그래도 지하철역에 내려 망정이지, 하마터면 시댁도 못갈 뻔했다는 생각이 들었다.

흐르는 눈물을 훔치고 닦으며 많은 인파 속에서 혼자 울고 있는 나 자신이 불쌍했다. 아이들이 보고 싶었다. '조금만 참을걸.' 어렵게 시댁에 도착하고 신랑과 아이들은 오지 않았다는 사실을 아는 순간 왜 혼자 왔냐는 시부모님에게 어떻게 이야기해야 하나 고민하다 사실대로 이야기하고 천안으로 향했다. 가는 길에 신랑에게 전화를 건 시어머님은 아들 욕을 하며 내 편을 들어 주셨다. 마음이 조금 누그러졌다. 아이들을 만나면 사과해야지, 안아줘야지 되새기며 차를 타고 가는데 전화벨이 울렸다. 전화를 받으니 아이들의 목소리가 들렸다.

"엄마, 엄마 오는 데 오래 걸릴까 봐 아빠랑 전화 받고 바로 출발했어요."

얼마 되지 않아 중간지점에서 아이들을 만났고, 우린 다 함께 말없이 돈가스를 먹으러 갔다.

아무 말 없이 나에게 물을 따라주던 신랑. 그 물 한잔에 또 눈물이 쏟아졌고 신랑에게 미안하다고 사과했다. 아무렇지 않게 할머니, 할아버지와 이야기하는 아이들, 속이 타지만 묵묵히 참고 우리를 보듬어 주시는 시부모님, 이 감사한 분들을 위해서라도 싸움은 이제 그만해야겠다는 생각이 들었던 것이다. 복숭아를 하나 더 주지 않는 아주머니의 모습이 아마 내 모습과 같았을 것이다.

신랑도 나도 둘 다 서로를 사랑하지만, 삶에 지치고 아이들과 함께 지내다 보니 서로만을 바라보고 집중할 수 있었던 시간이 많지 않았다는 것과 이런 것들이 다 상대방의 탓이라 생각하고 서로를 대했다는 것을 알게 됐다. 그래서 서로에게 좀 더 집중하고 많은 대화를 나누면서 서로를 지켜줄 최소한의 약속을 했고, 이후 우린 의식적으로 상대에게 맞춰 주기 위한 노력을 하며 서로에게 맞춰 갔다. 그리고 그 일을 계기로 신랑을 자꾸 바꾸려고 했던 나는 나 자신을 먼저 바꿔야겠다는 마음을 먹고 소통이 가능 곳을 찾아 밖으로 나갔다. 이전까지의 나는 내가 쳐 놓은 울타리 안에서 내 생각과 내 규칙에 어긋나면 울타리를 더 넓게 치거나 규칙을 바꿔 볼 생각은 해보지 않았다. 내 말이 맞고 내가 정한 방법이 제일 좋은 것이라고 생각했기 때문이다. 그러나 이 사건은 내게 있어 큰 변화의 계기가 되었다.

대화도 습관이다.

자꾸만 남에게 상처 주는 말을 하다 보면, 대화 패턴이 굳어지게 된다. 사소한 자극에도 열이 받고 화가 나며 감성이 이성을 잡아먹게 되는 것이다. 상대방이 나의 마음을 알아주고 이해해줄 때 우린 충만함을 느낀다. 대화가 주는 기쁨이란 바로 이런 것이다. 엄마들

엄마, 세상 밖으로 나가다

이 동네 엄마들을 만나 수다를 떨며 집에서 충족 받지 못한 대화의 기쁨을 밖에서 충족하고 들어오는 것도 바로 이런 이유 때문 아닐까? 아마도 집에서는 자신의 감정을 솔직하고 허심탄회하게 이야기할 수 없으니 밖에서 대화로 감정을 풀고 위안을 받는 것일 수 있다.

부부는 무촌(無寸)이라고 한다. 신랑과 나는 부부가 되는 날 검은 머리가 파 뿌리가 될 때까지 서로 아끼며 사랑할 것을 주례선생님 앞에서 약속했다. 그때 "네."라고 한 대답의 책임. 그 책임을 한사람에게만 넘기지 말아 보자. 내 고통과 슬픔을 배우자에게 넘기는 것은 본전도 못 찾는 장사다. 정 어렵다면 밖에서 풀고 밖에서 위로받은 뒤 집으로 돌아와 보는 것은 어떨까. 신기하게도 조금 더 괜찮게 보이는 신랑이 말을 걸고 있을 것이다.

"여보. 오늘은 뭐했어? 점심은 뭐 먹었어?"라고.

외면하던
나와 마주 서기

"지금 우리의 힘으로는 과거를 바꿀 수 없고, 어릴 때 겪었던 부정적인 사건을 없던 일로 되돌릴 수도 없다. 그러나 현재의 나를 바로 세우고 새롭게 바꾸어 나갈 수는 있다. 우리의 삶에서 한 번 어긋난 것을 바로잡고, 잃었던 참된 정체성을 회복할 수 있다는 말이다. 그러려면 무의식 깊숙한 곳에 잠들어 있던 과거의 경험들을 떠올려 좀 더 가까이 대면함으로써 의식의 영역으로 끌어내 보겠다는 굳은 결심이 필요하다."
— 알리스 밀러(Alice Miller, 1923~2010년), 『천재가 될 수밖에 없는 아이들의 드라마』 中

"애들아 목욕하자."

"10분만 있다가요."

"밥 먹고 씻는다고 했잖아. 약속한 시각도 훨씬 지났어. 얼른 씻어."

"진짜 10분만 있다 할게요."

옷 벗는 데에만 10분이 걸렸다. 홀딱 벗은 채로 거실에서 장난치는 남매들. 이 추운 겨울날 벗은 채로 놀고 있는 아이들의 모습이 눈에 거슬리기 시작했다.

"지금 씻으러 들어갈게요."

서로 먼저 화장실에 들어가겠다고 실랑이를 벌이는 모습에 화는 분노로 이어졌고, 결국 나는 괴물 엄마 모드로 변했다.

"야! 둘 다 이리와. 엄마 말이 안 들려? 이것들이 오냐 오냐 하니깐, 엄마 말이 우습냐고! 아까부터 씻는다고 하더니 결국엔 약속도 안 지키고 씻으러 들어가서 싸우고 있냐? 왜 맨날 나쁜 엄마로 만드냐고! 나도 입 아파서 잔소리 그만하고 싶다고!"

가끔 일어나는 우리의 목욕 전 행사다. 나는 종종 말을 듣지 않는 아이들을 위해 대화법도 배우고 아이들에게 엄마의 마음을 말로 전달하는 것을 공부해 보기도 했다. 그러나 어느 날은 잘되나 싶다가도 결국, 꼭 한 번씩은 저렇게 괴물 엄마로 변신했다.

목욕하고 나온 아이들은 몸의 물기가 마르기도 전에 침대로 올라가 놀기 시작했고, 나는 그 모습에 화를 주체하지 못하고 문을 여닫아 쾅쾅쾅 소리로 아이들을 제압했다. 괜히 엄한 싱크대 문짝에 화풀이를 한 것이다. 그제야 아이들은 눈치를 보며 옷을 입고 각자 시끄럽지 않게 놀며 조용한 분위기를 만든다. 그래도 분이 안 풀리는 나는 안방에 들어가 생각에 잠겼다. '아. 왜 그러지?' 분명히 지금까지는 잘 해왔는데, 가끔 불쑥 튀어나오는 인정하기 싫은 엄마라는 내 모습이 있다.

물론 내가 조금만 더 여유를 가지고 아이를 기다려주면 된다는 해결 방법도 알고 있다. 그러나 알면서도 하고 싶지 않을 때도 가끔 있다. 그날따라 더 그랬다. 엄마라는 또 다른 나의 모습을 보며 문득 친정엄마를 떠올렸다. 나도 모르게 친정엄마를 내 모습에서 보게 된 것이다.

　친정엄마와 나. 엄마는 2남 1녀 중 둘째로 태어나 외할머니의 온전한 사랑을 듬뿍 받지 못한 채 아들 틈에서 어린 시절을 보내고 어린 나이에 시집와 나를 낳으셨다. 많이 외로웠을 것이다.

　엄마는 할머니와 서로 스스럼없이 이야기를 나누는 사이가 아니었다. 그것은 나와 엄마의 관계에서도 그대로 이어졌고, 여자 자매가 없는 엄마와 나는 가족보다는 이웃에게 속마음을 털어놓으며 가끔 전화하고 얼굴 보는, 그런 사이로 지냈다. 그러다 손주가 생기면서 우린 이전보다 자주 통화를 하며 안부를 묻기 시작했다.

　내가 엄마와 가깝게 지내지 않았던 것은 엄마를 미워하는 마음 때문은 아니었다. 내가 어릴 때, 엄마는 어려운 가정형편 속에서 엄마 본인의 책임을 다했을 것이다. 어릴 적 엄마에게 혼나고 무서워서 울던 내 모습을 내 아이들이 그대로 보여줄 때, 그 모습을 보면서 괴로웠다. 그래서 단지 나는 '친정엄마처럼 무섭게 화내지 말아야지', '사랑한다 말해줘야지'라고 되새기며 친정엄마와는 다른 엄마로 살고 싶었던 것이다.

　작은아이가 감기로 많이 아팠을 때, 엄마에게 도움을 요청했다. 한걸음에 달려오셨다.

　아이들은 할머니, 할아버지가 같이 있으면 엄마 말을 잘 안 듣는다. 믿는 구석이 있으니 그렇겠다 싶다가도, 할머니가 오신 날부터 생활의 리듬이 완전히 깨지고 불편해진다. 그래서인지 난 친정엄마가 불편해할 정도로 아이들에게 화를 내고 몰아붙였다. 신랑이 가끔 아이들에게 화를 낼 때, 꼭 나한테 화를 내지 못해서 저러나 싶었다. 그런데 엄마와 함께 있을 때 내가 아이들에게 그렇게 화를 내고 있었던 것이다. 아이들과 실랑이를 벌일 때면 친정엄마는 아이들 편을 드셨고 간혹 아이들이 버릇없게 굴어도 받아주셨다. 오직 나만 엄마에게 반항하듯이 아이들에게 잔소리만 하는 나쁜 엄마가 되어 더 크게 화를 내고 있었던 것이다.

'왜 내가 어릴 때는 우리 애들한테 해준 것처럼 안 해줬어?' '왜 맨날 화만 냈어?' '왜 사랑한다고 안 해줬어?' '왜 안 안아줬어?' 내면의 상처받은 아이가 내 감정을 요동치게 했다. 엄마가 손주를 예뻐하는 모습도 그저 보기 좋지만은 않았다. 불편했고 싫었다. 엄마는 별것도 아닌 걸로 아이들을 혼낸다고 나를 나무랐고, 나는 엄마에게 뭘 아느냐는 식으로 대들었다. 엄마도 울고 나도 울었다. 그러다가 갑자기 짐을 싸서 집으로 내려가신 날에는 엄마가 그렇게 가버리면 불효를 하는 내가 너무 싫었다. 그런 일이 반복되면서 친정엄마가 우리 집에 오는 날이 점차 줄어들었고 가끔 오셔도 다음날이면 다시 집으로 가시는 등 딸과 부딪치지 않으려고 애쓰셨다. 엄마가 나를 사랑해줬던 기억은 내 머리와 가슴에 남아 있지 않고 서운했던 감정만 남아 엄마가 된 나를 괴롭혔다. 진정성이 없는 부모와 자식 간의 관계, 열심히 부모가 최선을 다해 자신의 역할을 수행하더라도 우린 그것보다 그저 한 인간으로서 옆에 있어 주길 바랐던 것 같다. 그리고 부모가 아무리 최선을 다한다 해도 부모라는 이유로 만족하지 못한다. 그 대물림은 외할머니에서 친정엄마로 그리고 나로 또 내 딸에게로 끝없이 이어질 것이다.

어느 날, EBS의 〈다큐프라임 - 마더 쇼크〉라는 방송을 보게 됐다. 방송에 나오는 엄마들의 사례가 다 내 이야기 같았다. 지나치게 화를 내는 엄마, 아이의 스킨십이 불편하고 싫은 엄마를 보면서 내가 다른 얼굴로 TV에 나오는 것 같았다.

엄마의 내면에는 공감받지 못한 아이가 자리 잡고 있고, 상처받은 어린아이가 있는 엄마는 자기와 마주 보는 시간을 가지고 스스로를 다스리며 마음속에서 상처받은 아이를 떠나보내야 한다는 게 방송의 주제였다. 치유의 과정을 통해 마침내 아이들과 깔깔거리며 웃고 행복해하는 엄마의 모습을 보면서 '그래, 바로 이거야! 나도 할 수 있을까?'라고 고민하게 됐다.

오늘도 엄마에게 혼난 아이들이 안방 문 앞에 서서 아빠에게 전화를 걸며 운다. 아이들을 혼내고 난 후 감정을 주체하지 못했던 그 상황을 후회하면서 침대에 누워 생각했다.

'맞아, 친정엄마를 자꾸 미워할 거야? 자꾸 남 탓만 할 거야? 엄마 탓만 할 거냐고?' 그동안에는 내 안의 작은 내가 나에게 말을 걸어도 나 스스로 외면했다. 그러나 이제는 더 이상 외면할 수 없었다. 인정하고 싶지 않았던 내 모습을 제대로 마주 서서 쳐다보아야 할 때다. 해결할 수 있는 방법을 알았으니 실천에 옮겨야 할 때다.

에크하르트 툴레(Eckhart Tolle, 1948년~)가 지은 『삶으로 다시 떠오르기』라는 책이 있다. 모든 고통과 불행의 원인인 '자기 자신'이라는 감옥에서 걸어 나와 '나는 누구인지' 깨닫고, 진정한 '삶으로 다시 떠오르는 것'이 책의 주제다.

엄마, 세상 밖으로 나가다

삶의 진정한 목적에서 깨어 나와 자신의 행복을 스스로 책임지고 만들어 가는 것. 우리는 무의식 속의 내 어릴 적 상처들을 끄집어내어 나를 바꿔야 한다. 이것이 지금 본인을 외면하는 엄마들이 해야 할 의무이다.

혼자 사는 것이면 혼자만 힘들어하면 되는 거지만, 내가 가족의 일원이라면, 아이의 엄마라면 불편하고 어색한 내 모습을 인정하기 싫어도 나로 인해 아파하는 가족들을 위해 빨리 시작해 보자. 상처를 긁어 부스럼을 만들어 보자. 긁어낸 마음속 상처를 모아 부스럼을 만든다면 상처가 나아질 때쯤에는 변화된 엄마로서의 내 모습을 만나게 될 것이다.

그대로의
나를
사랑하게 되다

　　　　　　그동안 외면했던 나의 상처와 내 모습을
거부하지 않고 받아들이며 품기 시작했다. 어색하지만, 일부러 노력
하며 나를 만났다.

　내 안의 다 크지 못한 어린아이의 상처는 어떤 것이었는지 끼적거
리며 종이에 적어 내려갔다. 내가 기억하는 나의 마음속 상처를 하나
씩 적으며 울기 시작했다. 마음이 평온해지며 차분해지는 걸 느꼈다.
어릴 적 소심하고 자신감이 크지 않았던 나. 외동딸로 자라면서 엄마
에게 가끔 들었던 말이 생각났다.

　"아빠랑 똑같이 생겼는데 왜 고추 하나 안 달리고 나왔어. 그것만
달고 나왔으면 장군감인데."

　'아들이 아니어서 서운하신 건가? 아들 몫까지 해내면서 자라야 하
나 봐.' 사랑 표현도 서툴고 스킨십도 어색한 엄마의 모습에 나를 사
랑하지 않는다고 느꼈다. 그때의 나에게는 엄마, 아빠가 전부였으므
로 그때부터 빗나가지 않게 잘 자라야겠다고 생각했다.

　친정 부모님이 부부싸움을 하던 날의 일이다. 엄마 아빠의 다툼 끝
에 엄마가 집을 나가셨던 기억이 난다. 엄마는 자신의 뒤를 따라가던

나를 따라오지 말라며 우산으로 밀쳤다. 그 골목과 그때의 내 모습. 울면서 나를 거부했던 엄마, "따라오지 마!"라고 말하던 그 당시 엄마의 슬픔과 외로움은 나에게 생생하게 전달되었다. 그때의 감정이 어른이 된 지금도 그대로 느껴진다. 나에게는 엄마밖에 없는데 나를 버리고 가버린다는 생각과 다시 돌아오지 않으면 어쩌나 무서워했던 생각이 난다.

다음날 엄마에게 사과하는 아빠의 모습도 기억난다. 그땐 엄마를 힘들게 하는 아빠도 싫었다. 착하고 좋은 아빠였지만, 술을 드시면 가끔 이성을 잃으시는 모습 때문이었다.

아빠가 술을 많이 드시고 온 날은 문 여는 소리가 날 때부터 몸이 떨렸다. '오늘도 엄마랑 싸우는 거 아니야?' 일단 내 방으로 들어가 조용히 엄마 눈치를 살피며 사태 파악을 한다.

엄마의 화에도 아무런 대꾸 없는 아빠, 아빠의 삶의 힘듦이 느껴졌다. 불쌍한 아빠.

나는 방에서 혼자 울기 시작했다. 책상에 앉아 엎드려 우는 상처받은 어린 내가 보인다. 지금이라도 가서 등을 토닥거려 주고 싶다. 얼마나 외로웠을까? 무서웠을까?

고등학교 때의 일이다. 학원을 다녀와 집에 들어섰는데 엄마가 화가 나 감정을 주체 못 한 상태로 계셨다. 엄마는 아빠에게 대화를 시도했지만, 아빠는 아무 말 없이 엄마 말만 듣고 있었다. "술만 먹으면 말이 그렇게 많으면서 왜 술 안 먹었을 때는 벙어리가 되냐"며 아빠를 닦달하고 하소연하는 엄마. 싸우기 싫어서일까? 가만히 듣기만 하는 아빠와 자기 말을 무시한다는 엄마 사이에서 아빠의 답답한 모습이 너무나 싫었다. 항상 나를 위해 교복을 아침마다 다려 주셨던 아빠. 아빠는 나에겐 한없이 착한 아빠였지만 남편으로서는 아니었나 보다.

엄마가 아빠 욕을 내 앞에서 스스럼없이 하셨을 때, 그 부정적 감정과 에너지는 나에게 전달되었고 나는 학창시절 내내 반항 한번 없이 엄마의 눈치를 보며 착하게 살려고 했다.

무서운 엄마와 작아 보이는 아빠. 난 잘하고 싶었다. 혼나고 싶지 않았고, 나 때문에 부모님이 부부 싸움을 할까 봐 늘 두려웠다. 그래서 다른 친구들을 질투하고 부러워했으며, 집에서도 인정받지 못하고 학교에서도 인정받지 못하는 나의 낮은 자존감은 부정적인 모습으로 표출되었다. 그 시기심으로 다른 사람들을 불행하게 만드는 나의 모습도 보았다.

고등학교 3학년 수능 원서를 쓰는 날, 컴퓨터용 사인펜으로 집 주소를 써내려 가다 아파트를 @로 썼다는 이유로 담임선생님께 뺨을 맞았다. 그날 집으로 돌아갔을 때 부모님께 말하지 못했다. 쉬는 시간에 몰려든 친구들에게 괜찮다며 머쓱해 하며 웃던 나, 가엽고 불쌍하다. 금방이라도 눈물이 날 것 같았지만, 창피해서 눈물을 삼켰다.

드라마 〈응답하라 1988〉 속 주인공 덕선이와 아빠의 대화가 생각난다. 자율 학습을 하고 돌아온 딸을 보며 반가워하던 아빠가 딸과 아이스크림을 먹으면서 나누던 대화다.

엄마, 세상 밖으로 나가다

"이제 고3이니 1년만 죽었다 생각하고 노력해 보자. 노력도 안 하고 안 된다고 생각하면 안 되잖아."

"아빠. 그래도 나 만약에 대학 떨어졌다고 미워하면 안 돼."

딸에게 꿈이 무엇이냐고 묻는 아빠, 그 물음에 딸은 "나는 꿈이 없다고, 멍청이 같다."고 이야기한다. 그런 덕선이의 등을 두드려주며 아빠는 대답한다.

"괜찮아. 아빠도 꿈이 없었는데 어떻게 살다 보니 이렇게 살고 있잖아. 지금 꿈은 우리 딸들이 아프지 않고 건강하고 씩씩하게 자라는 거야."

덕선이의 미소를 보는데 질투가 났다. 나도 저렇게 마음을 표현해 주는 부모님이 있으면 얼마나 좋을까. 감정 조절이 안 되고 부정적인 생각과 태도를 자주 보이는 내가, 어떤 아픔이 있는지 수첩에 적어도 보고 나를 스스로 달래 보기 시작했다. 인정하기 싫고 일방적인 옛 기억일 수 있지만 내 안의 어린아이는 많이 아파했고 외로워했으며, 나 자신을 못마땅해하며 자라 성인이 되고 엄마가 된 것이다.

'상처 받은 작은 보라야. 너 혼자 많이 외로웠지? 얼마나 외롭고 힘들었을까? 문득 너의 상처가 네 앞에 나타나 날 좀 보라고 하니 도망가고 싶었을 거야. 외면하고 싶었을 거야. 그때의 감정이 떠올라 너를 괴롭히니 넌 그 괴로움을 아이들에게 그대로 보였던 거야.'

'네 잘못이 아니야.'

'엄마가 되니깐 네 안에 상처받은 아이가 나도 이제 외면하지 말고 봐달라고 했던 거야. 이제 그 아이를 안고 다독여줘야 해. 피하지 말

고 안아줘야 해.'

이제 나는 나를 있는 그대로 사랑하게 되었다. 노력하고 애쓰다 보니 어느 순간 진짜로 나를 사랑하고 있었다. 나를 위해 운동도 하고 옷도 사며, 아이들에게 헌신하던 시간에 나를 위한 시간을 내고 독서며 모임을 나가 내 시간을 가지면서 내가 좋아하는 것과 싫어하는 것을 알아갔다. 내 고민과 내가 어떤 생각을 가지고 사는지 하나씩 알아가는 재미는 꽤 쏠쏠했다. 혼자서 조조 영화를 보러 가며 팝콘과 커피를 사 들고 영화관에 들어갈 때 설렘을 느꼈고, 책을 읽는 동안 아무런 말 없이 오직 그 순간을 집중하면서 나의 상처도 자연스럽게 치유되는 것을 느낄 수 있었다. 모든 걸 털어놓고 직접 나 자신을 마주하고 보니 내가 참 사랑스러웠다. 내가 잘하는 것도 많고 좋은 점도 많다는 걸 알게 됐다.

이 모든 시간이 성장의 시간이었다. 이 과정은 아이들을 진실 되게 사랑하기 위한 과정이었고 무엇보다도 나 자신을 있는 그대로 사랑하기 위한 시간이었다.

나의 지도자는 바로 '나 자신'이다. 나는 한결같음 마음으로 나를 지도해야 한다. 제일 먼저 나를 사랑해야 하는 사람은 바로 나 자신이기 때문이다.

"원하는 만큼 보살핌을 받도록 해줄 수 있는 사람은 딱 한사람밖에 없다. 바로 우리 자신이다. 그것도 거짓된 자아로서가 아닌 참 자아로서의 자신이다. 그러므로 내면 아이는 보살핌을 절실히 원하는 무력한 유아임과 동

엄마, 세상 밖으로 나가다

시에 양육자이기도 하다. 거짓 자아가 강하면 진짜 자신의 문제가 무엇인
지 인지하기 힘들다."

― 찰스 화이트필드(Charles L. Whitfield), 『힐링 육아』中

내면의 상처받은 아이를 치유하다 보면 미워만 했던 부모님을 이해
하게 된다.

딸을 사랑했지만, 상처를 주었던 엄마를 용서하게 된다.

이 모든 수행의 시간을 지내다 보면 나를 사랑하게 된다. 온전히,
아무 조건 없이.

부모가 성장하면, 아이들에게 진심으로 사과할 수 있고 아이들을
진심으로 사랑할 수 있다. 여러분도 있는 그대로의 나를 사랑하기
위한 수행의 시간을 꼭 가졌으면 한다. 두 팔로 나를 껴안고 토닥여
보자. 그 동작만으로 내 안의 상처가 치유되기 시작할 것이다.

제3장

사람을 만나다

방학이다. 집에만 있으니 답답하다. 종일 대화 상대는 두 아이와
내 이야기를 들어준 강아지 한 마리다.
신랑은 오늘도 늦는다. 어디 남의 돈 버는 일이 쉬우랴. 이해한다.
그저 신랑에게 온전한 직장이 있음에 감사하다. 하루가 다 가고
다시 아침이 밝아와도, 여전히 대화할 사람은 두 녀석뿐이다. 나쁘
지 않다. 그런데 뭔가 공허하다. 수다를 떨고 싶다. 사람을 만나고
싶다.

관계 중심형,
나

큰아이가 한글 공부를 하는 날이다. 아이에게 "아야어여오요우유으이"를 불러 보게 한다. 글자와 노래의 음을 하나씩 손으로 짚어주며 글자를 눈으로 보고 기억하라고 했다. 빈칸의 글자를 채워 넣어야 하는데, 아까 부른 노래로 아이에게 찾아보라 했더니 노래를 빠르게 부르고 느리게 부르면서 글자를 꼭꼭 짚어내지 못했다.

"야, 어제도 부른 거잖아. 벌써 까먹었어? 진짜 바보도 아니고, 내가 못 살아. 너 그래서 어떻게 학교 갈래?"

"다른 친구들은 다 하는 한글도 못 하면 어쩌려고 그래!"

"이제 학교 가기까지 몇 달 안 남았다. 큰일이야, 큰일!"

아이가 운다. 왜 다른 아이들은 잘하는데 넌 이 모양이냐고 아이를 탓했다. 많이 놀게 해주고 느리게 키우면 잘 큰다고 들었지만, 현실은 전혀 그렇지 않았다. 이렇게 구박하고 상처를 주며 공부를 시킬 거였으면 학습지를 하는 게 훨씬 나을 뻔했다. 엄마와 아이가 선생님과 학생의 관계로 바뀌는 순간, 엄마는 그 어떤 선생님보다 무서워진다. 나는 폭력을 행사하지 않았을 뿐, 말과 몸짓으로 아이를 공포에 휩싸이게 했다.

"엄마, 잘못했어요. 다시 할게요."

"빨리 다 지워. 다른 애들처럼 학원가고 공부만 하고 살아 볼래? 엄마가 너한테 뭘 그렇게 바라니, 한글은 떼고 학교에 가야 할 것 아니야!"

집안이 조용하다. 3살배기 아들이 무엇을 하나 살펴봤더니 엄마를 기다리다 지쳐 소파에 엎드린 채 자고 있다. 큰아이의 공부를 봐줄 때마다 작은아이는 익숙한 듯 떼쓰지 않고 혼자 잔다. 7살 큰아이도 졸린 눈을 비비고 더 이상 혼나지 않으려고 노력한다.

다음 날, 오늘은 혼내지 말아야겠다고 굳게 마음먹고 아이의 한글 공부를 시작하려 책상 앞에 같이 앉았다. 아이가 나에게 묻는다.

"엄마, 오늘은 최선을 다할 테니깐 혼내지 않으면 안 돼요?"

"어? 알겠어. 오늘은 너에게 상처 주는 말 안 할게."

최대한 착한 선생님 모드로 아이를 가르쳐 그날 할 공부를 끝마쳤다. 아이도 전날보다 마음이 편했는지 얼굴이 좋아 보였다. 그 순간 무언가가 속에서 울컥 올라왔다. 나는 무엇을 위해 아이를 앉혀 놓고 닦달하며 공부를 가르치는 걸까? 다른 집 아이들보다 늦은 아이를 보며 불안했기 때문이다. 아이와의 관계가 상하 관계가 될수록 무엇인가 잘못되어가고 있다고 느꼈다. 관계가 나빠질수록 죄책감은 더 커져만 갔다.

신랑과 연애한 지 2년째 되던 해, 지금의 시부모님과 처음 만나 인사를 나누었다. 한정식집에 앉아 밥을 먹으며 이런저런 이야기를 나누다 식사가 끝날 무렵 시어머님이 말씀하셨다.

"아가씨, 우리는 가진 게 없어서 결혼을 일찍 시켜 줄 수 없어요. 어떻게 생각할지 모르지만, 미리 말해 주는 게 좋을 것 같아서."

어머님은 27살 아가씨가 사회초년생인 27살 아들을 얼마나 기다릴 수 있을까 걱정이 되어 물어보셨던 것 같다.

"네. 괜찮아요." 짧게 대답했다. 그땐 그저 좋았기 때문에 정말 괜찮았다. 나중에 결혼 준비를 하며 어렵게 신혼집을 마련하던 중에 친정 부모님의 도움을 받았다. 이 일로 시부모님은 많이 미안해하셨고 물질적이진 못하더라도 늘 사랑으로 나에게 보답해 주셨다.

항상 시댁에 가면 여러 가지 반찬과 먹을 것으로 상이 가득하다. 집에서 엄마가 차려주는 밥이다. 나는 친정이 멀다는 이유로 잘 가지 못했고 늘 일하는 친정엄마는 집에서 밥을 할 시간적 여유가 항상 없으셨다. 시집을 오고 나서 제일 좋았던 것이 집밥을 매끼 맛있게 먹을 수 있다는 것이었다. 시댁 부모님은 우리 부부가 집으로 돌아갈 때마다 물김치, 파김치, 구운 김이며 도토리묵까지 바리바리 싸주셨다. 아기를 돌보느라 밥도 제대로 못 챙겨 먹을 며느리를 위해 반찬과 먹을 것을 배달해 주시고 가시는 시아버지까지, 나는 신혼 초 시부모님의 사랑에 몸 둘 바를 몰랐다. 언제나 전화로 안부를 물으며 내 걱정을 스스럼없이 이야기하시는 시부모님 덕분에 친정 부모님에게 받지 못했던 사랑을 시집을 오고 나서 받는 것 같았다. 감사했으며 참 좋았다.

그래도 친정 부모님이 자꾸 머릿속에 떠올랐다. 멀리 떨어져 살기에 딸을 챙기지 못하는 엄마, 아빠. 몸이 멀어지면 마음도 멀어진다는데 서서히 시댁 식구의 사람이 되어가는 나를 보며 아들 한 명 없는 친정 부모님의 외로움은 얼마나 크셨을까. 친정 부모님의 적적함을 생각하니 가슴이 아팠다. 그럼에도 난 마음만 아파했을 뿐 사느라 바쁘다는 핑계로 그동안 친정 부모님을 살갑게 챙기지 못하며 살았다. 이렇게 친정엄마에게 받지 못했던 살가운 사랑을 시어머님에게 받으면서, 내 안에 있던 상처받은 아이는 또 반항하기 시작했다. 이 아이는 나로 하여금 시부모님의 사랑이 지나치다 생각하게 만들었고, 시댁을 자주 갈 때마다 손주가 보고 싶어도 자주 보지 못하는 친정 부모님이 자꾸 생각나게 해 나를 많이 힘들게 만들었다. 결국, 나는 서서히 시부모님과 거리를 두었다.

이렇듯 나는 시부모님과의 관계를 나쁘게 만들면서까지 친정 부모님에 대한 마음을 지키려 했다. 물론 시어머님은 갑자기 변한 며느리를 이해하지 못하셨다. 속마음을 터놓고 이야기해보라 하셨지만, 말이 입에서 절대 나오지 않았다. 시간이 지나면서 시댁과의 관계는 더욱 나빠졌고 서로 서운함으로 상처를 주며 지내게 됐다. 시댁과의 사이가 예전 같지 않자 신랑과도 자주 부딪치고 그 화는 아이들에게 그대로 전해지는 생활이 이어졌다. 힘들어하던 어느 날, 모임에서 이런저런 이야기를 하다 한 선생님이 말씀하셨다.

"보라 씨는 관계 중심형 인간이라서 그래. 아이와의 관계가 나쁘다고, 시댁과의 관계가 좋지 않다고 해서 힘들어하는 사람이 있는 반면, 그렇지 않은 사람들도 있거든. 자기는 힘들어하니깐 '난 관계를 중요시하는 사람이구나!'라고 생각하며 지내면 되는 거야. 다음에 만나면 내가 책 한 권 줄게. 그 책 읽어 봐."

사람마다 죄책감의 깊이는 다르다. 이 책을 통해 나는 똑같은 상황에서도 아이와 시댁에 느끼는 감정이 엄마마다 다르다는 것을 알게 되었다. 내가 이상한 게 아니었다. 나는 사람의 여러 가지 유형 중 하나인 '관계를 중요시하는 사람'이었다. 즉, 내가 인간관계를 최고로 여기며 사는 인간이라는 것을 깨우쳐 준 선생님의 말씀을 들으며 나를 객관적인 시선으로 보고 싶어졌다.

'나는 타인과의 관계 속에서 에너지를 얻는구나!'

'그래서 밖으로 나갔던 것이고 모임에 참여하면서 책과 글쓰기란 도구로 관계를 맺으며 삶의 에너지를 충전했던 거야. 내가 사랑하는 가족과의 불화도 가족 간의 관계 속에서 의미를 찾으려고 하다 보니 일방적인 관계 형성으로는 채워지지 않았던 거였어. 내가 이상한 게 아니었다고. 관계 중심형 사람이라 내가 가지고 있는 여러 가지 문제의 원인이 타인 중심으로 나타났던 거야.'

사람들을 만나 깊이 있는 대화를 나누다 보면 고민을 해결한다거나 더 넓은 관점으로 문제를 바라보는 힘을 가질 수 있게 된다. 우연한 모임의 자리에서 선생님이 정의 내려 주신 '관계 중심형, 나!' 그 한마디에 내 고민은 정리되었다.

'내가 별난 게 아니었어. 옆집 엄마와 유형이 달랐던 것뿐이야.'

마당발 엄마

❖ 유사 표출형 성격

낙천적이라 문제가 발생하면 적극적으로 나서서 합리적으로 해결하고자 한다. 사람이나 일에 대해 열정적이며 밝고 명랑하다. 친교 관계를 맺는 능력이 좋고 타인의 복지와 안녕에 관심이 많다. 남을 배려하고 돕는 일을 좋아한다.

사회적 접촉을 선호하기 때문에 모임에 나가길 좋아한다. 타인들과 원만하게 지내며, 처음 보는 사람에게도 먼저 말을 걸어 관계를 형성하고 자신에 대한 얘기를 한다. 마음이 따뜻하고 이타성이 강하여 사람들을 순수하게 좋아하고 쉽게 애정을 갖는다.

타인들이 볼 때 따뜻하고 친절한 사람으로 인식되고 화가 나도 스스로 자제를 잘한다.

— 임승환, 박제일 공저, 『LCSI의 이해와 활용』中

　나는 대학교 4학년 1학기 때 휴대폰 개발 연구소에서 인턴으로 일했다. 3개월 간의 인턴 과정을 거친 후, SW(software) 부서의 정규 사원이 될 기회를 얻을 수 있게 됐다.

　사실 난 암기식 수학 문제 풀이를 좋아했고, 이를 잘 푼다는 이유로 이과를 선택한 사람이다. 응용이나 시고력 문제에서는 늘 막혔지만 비싼 등록금을 내고 지방 사립 공과대학에 입학했다. 그 당시 유행하던 정보통신공학과에 합격했다는 것만으로도 인생의 시작이 순탄해 보였다. 그러나 학과 공부를 시작하면서, 암기식 수학에 익숙한 나는 수업을 따라가지 못했고 공부를 해보려는 마음도 없이 출석률을 높이기 위한 학교생활을 했다. 그러다 우리 학교의 교수님이 인턴 사업의 지원을 받게 되어 여러 개의 인턴 기회 중 하나를 선택할 수 있었다. 그렇게 인턴 면접에 통과되면서 사회생활을 시작했다. Visual C++, C언어로 프로그래밍을 하며 휴대폰이 움직이게끔 알고리즘을 짰다. 물어도 보고 곁눈질해 가며 주어진 일을 해 나갔다. 선배님들의 부름에 즉각 반응하고 여자라는 걸 잊고 성격 좋은 남동생처럼 연구소에 적응해 갔다. 회식 자리에서는 특유의 친화력으로 많은 분과 가까워졌으며 뭐든 열심히 하는 인턴생으로 보이고자 노력했다. 그렇게 3개월간의 인턴 생활이 끝났다. 직원으로 채용될 사람들의 명단을 발표하는 날이었다. 2명을 제치고 홀로 SW 부서에 정규사원으로 합격했다. 프로그래밍 실력이 상당히 좋은 선배 오빠 대신 나를 뽑은 이유를 나중에 듣게 되었다. 적응을 잘하고 사람들과 잘 어울리기 때문에 프로그래밍은 가르치면 된다는 것이 그 이유였다. 그렇게 남들에게는 취업 준비의 필수 관문이라는 토익(TOEIC) 시험도 한 번 치르지 않고 쉽게 취업을 하게 됐다. 집안의 경사였다. 딸이 졸업도 하기 전에 휴대폰 개발 회사에 취업하고 유망한 연구원이 되었기 때문이다. 나 자신이 자랑스러웠다. 이렇게 4년 동안 친화력으로 사회생활을 한 경험은 결혼 후에도 이어졌다.

우리의 신혼집은 시골 한가운데 우두커니 있는 아파트였다. 지나가는 사람도 없다. 마트도 없다. 경비아저씨도 경비실에서 잘 나오지 않으신다. 아는 사람 한 명 없는 외딴 시골 아파드에 어쨌든 적응하고 살아야 하는 상황이었다. 결혼 후 친정에 내려가 친구를 만났다.

"우리 동네 사람 구경하기 힘들다. 집 나오면 허허벌판이다. 사람 구경하려면 버스 타고 나가야 한다니깐."

"야. 걱정 마라. 니는 논밭에 지나가는 개랑도 친해질끼다."

"뭐라카노. 논밭에 개도 없다. 다들 어디 갔는지… 아이고, 답답해 죽겠다."

몇 달의 시간이 흐른 뒤, 나는 동네 아기엄마들을 한 명씩 알아가기 시작했다. 놀이터에서 본 엄마, 버스 정류장에서 본 동네 아주머니, 구멍가게 이모와 1시간을 이야기할 수 있는 입담으로 객지 생활에 정착했다. 큰 아이가 4살이 될 때쯤, 천안으로 이사를 했다. 그리고 아이를 데리고 차 없이도 병원이며 마트를 갈 수 있는 곳으로 집을 옮겼다. 만삭의 몸으로 이사하고 큰아이의 어린이집을 알아봤다.

4년 동안 친해진 동네 엄마들을 떠나며 새로운 곳에 가서 사람들을 사귈 생각을 하니 걱정이 앞섰다. 아이의 친구를 만들어주려면 엄마의 사교성으로 아이에게 접근해야 한다. 어느 날 이사한 아파트 옆 공원에서 큰아이와 산책을 하다 비슷한 또래의 여자아이를 발견했다.

다음의 내용은 그 당시 내가 실제로 했던 이야기다.

"어머, 분홍 잠바가 너무 예쁘다. 몇 살이야?"

"저 5살이요."

"이거 먹어도 돼? 사탕 줄까?"

"엄마! 이거 먹어도 돼요? 감사합니다."

"이모 옆에 있는 애는 4살이야. 같이 소꿉놀이할래?"

엄마와 함께 놀러 나온 아이에게 먼저 아는 체를 하고 말을 걸었다. 내 옆에서 가만히 듣고만 있던 딸아이는 귀를 쫑긋 세우고 친구의 말을 듣는다. 꼭 내가 아이로 빙의되어 궁금할 걸 묻는 것 같다.

이렇게 한두 번 만나다 엄마와도 인사를 나누는 사이가 됐고 서서히 동네 친구들을 만들어 주면서 엄마들끼리도 연락처를 주고받으며 친하게 지내게 됐다.

나는 7년 동안 같은 곳에서 산다. 학교가 바로 앞에 있고 주거 환경이 좋은 이곳을 떠날 이유가 없다. 아니, 정확히 말하면 다시 동네 사람들을 사귀는 데 에너지를 빼기 싫다는 게 맞다.

작은아이의 하원 시간이다. 평소보다 조금 일찍 버스 내리는 곳에 도착했다. 아이를 기다리면서 같은 유치원의 엄마와 담소를 나누었다. 아파트의 같은 라인에 사는 8층 아주머니가 지나며 인사를 건넸다.

"안녕하세요."

"아. 네, 안녕하세요? 장 보고 오시나 봐요?"

"네. 애가 올 시간인가 보네요."

"네. 안녕히 가세요."

"보라야~. 벌써 찬희 올 시간이야?"

"응. 벌써 올 시간이네. 잘 가~."

"찬희 엄마는 아는 사람 참 많아, 인사하기 바쁘다니깐."

"아니에요. 인사만 하는 사이인데요. 뭘."

말이 끝나기가 무섭게 아이들이 인사를 한다.

"이모! 안녕하세요. 도희 어디 있어요?"

"안녕. 애들아. 도희는 태권도 갔어"

"아. 네. 안녕히 계세요."

순간 아니라고 대답한 게 민망해졌다. 기다리는 10분 동안 인사를 몇 번 했는지, 그 엄마의 말이 맞았다.

난 중학교 때까지 소심하고 내성적인 아이였다. 재미있는 친구를 사귀면서 그 친구를 닮고 싶어 했다. 그 친구를 따라 하고 싶었고 친구들을 웃게 할 때마다 내 존재감을 느낄 수 있었다. 지금은 내가 이 말을 하면 아무도 믿지 않는다. 하지만 성격도 노력하면 바꿀 수 있다. 진짜다.

나는 아이의 친구들에게 먼저 인사를 건넸고 이웃을 마주칠 때마다 너스레를 부리며 "안녕하세요!"라고 인사를 했다. 요구르트를 한 봉지씩 사 들고 집으로 가는 길이면 자주 보는 택배 아저씨나 경비 아저씨 등 아는 사람에게 몇 개씩 나눠 주며 집으로 간다. 이제 우리 아이들은 멀리서 청소 아주머니가 보이면 "엄마, 내가 갖다 드릴게요. 2개만 주세요."라고 말한다. 아이들도 나의 친화력과 사교성을 어깨 너머로 배우는 것이다. 이렇게 베풀고 나면 내 마음이 더 따뜻해지기 때문에 나 자신을 위해서 더 그렇게 나누며 사는 것 같다.

앞에서 내 친구가 말했던 "논밭의 개랑도 친해질 사람이다."라는 표현 다음으로 제대로 나를 표현한 우스갯소리의 문장이 있다.

"똥을 줘도 받아치는 드릴려…"

대충 감이 오는가? 나의 성향이 사람들을 자꾸 만나게 만든다는 것을.

독자 여러분도 글을 읽다 이 이야기가 딱 내 이야기 같으면 수다를 깊이 있게 할 수 있는 곳을 찾아 나서 보자. 난 그것이 독서 모임이었지만, 운동이든 동호회든 교집합이 가능한 곳이면 어디든 좋다. 일단 가보는 것이다.

똥을 깨끗하게 받아칠 수 있는 지혜를 키우기 위해서.

소 통 과
성 장 의 시 간

아이를 키우면서 육아 6년 차쯤 되니, '내
가 잘하고 있나?', '이렇게 키워도 되나?'라는 생각이 들었다. 동화책
만 읽어주는데 학교 가기 전에 어떻게 공부를 시켜야 하는지, 자기
주도적인 아이로 컸으면 좋겠으나 그러려면 엄마인 내가 어떻게 뒷받
침을 해야 하는지 고민하던 차에 친구가 알려준 블로그에 방문하게
됐다. 그곳에서는 사교육 없이 책으로만 큰아이, 많이 놀면서 세상을
알아갔던 아이가 초등학교 고학년이 되어 자기 주도적인 삶을 살고
있다는 내용이 있었다. 그 블로그는 그러한 아이를 키운 엄마의 경험
을 공유하며 나 같은 엄마들에게 큰 힘을 주는 그런 블로그였다. 딱
내 스타일의 내용이었다! '영어도 학원 없이 집에서 엄마표로 가능하
대. 책만 잘 읽는 아이로 크면 저렇게 될 수 있다니깐!'이라는 생각이
들었다.

그 엄마의 예전 경험담을 읽다가 조직원이라는 단어를 보게 되었
다. 따로 모임을 만들어서 만나는 듯했다. 모임에 나가 소통하기 좋
아하는 나라는 엄마는 궁금해졌다. '어떻게 저길 갈 수 있을까?'

이후 블로그의 글이 육아서로 출간이 되었는데 책을 읽으면서 더

욱 자세히 그 아이와 엄마의 삶을 알게 되었고 만나고 싶다는 마음이 한층 더 깊어졌다. 어느 날, 그 책의 저자 강연이 천안에서 열린다고 소식을 듣고 수강신청을 한 후 잠깐 일을 쉬고 계시는 친정엄마에게 도움을 요청했다. 친정엄마에게 아이를 맡긴 후 강의장으로 달려갔다. 강의를 들으며 웃고 울었다. 엄마의 삶 이야기를 통해 들려주는 육아 메시지! 내가 그동안에 원했던 것이 바로 이런 것이었다. 단순히 지식을 열거하면서 해답을 제시하는 육아서가 아니라, 살아있는 경험담을 통해 육아에 대한 고민을 풀어주는 실제적인 육아서 말이다. 나는 저자 강의가 끝난 후 책에 사인을 받으며 용기 내 그녀에게 물어봤다.

"언니, 저도 그 조직원에 들어가고 싶은데요. 어떻게 하면 돼요?"

"전화번호 하나 주세요. 제가 전화 드릴게요."

며칠 후 작은아이와 소꿉놀이를 하고 있는데 모르는 번호로부터 전화벨이 울렸다. 기다리던 전화였다. 연예인과의 통화가 이런 느낌일까? 믿기지 않았다. 이런저런 이야기를 나눈 후 물었다.

"저도 조직원에 들어가고 싶은데요. 어떻게 해야 해요?"

"제가 보험을 하고 있어서 저한테 가입한 엄마들을 대상으로 교육적인 부분을 같이 공유하는 거거든요. 이렇게 모인 엄마들을 조직원이라고 해요."

"아, 저도 그럼 저금한다는 셈 치고 가입할게요."

"금액은 얼마 정도 생각하세요?"

"부담 없이 꾸준히 넣으려는데, 한 10만 원 정도요?"

"아, 죄송해요. 저희는 최소금액이 30만 원이라 어쩌죠?" 순간 당황했다. 마음을 가라앉히고 생각에 잠겼다. 30만 원? 그만큼 여유가 없는데, 어쩌나.

"30만 원은 부담스러워서 저는 안 될 것 같아요. 같이 못 해서 속상하네요."

"그러게요. 죄송하게 됐어요. 다음에 기회 되면 꼭 다시 만나면 좋겠네요."

"네~. 전화 주셔서 감사했어요. 앞으로도 블로그로 소통할게요. 고맙습니다."

"네."

좌절스러운 마음이었다. 사실 10만 원도 빠듯했다. 아껴 쓰면 되지 싶어 일단 저질러 보고 싶었다. 그만큼 육아의 고충이 굉장했다. 좌충우돌의 상황에서 그 엄마의 방법대로 아이를 키우면 내 아이가 비슷하게라도 클 수 있을 것 같았다. 아이를 사랑했기에, 아이의 교육에 대한 불안함을 사교육 없이 이겨 낼 방법이 궁금했다. 몰랐으면 몰랐지, 알게 된 이상 같이하고 싶었다.

그렇게 혼자 끙끙 앓다가 큰아이가 6살 때『학원 없이 살기』라는 책을 읽게 됐다. 학원 없이 아이를 키울 수 있을까 싶었다. 책을 읽으니 원하는 교육의 방향을 잡는 데 도움이 됐다. 큰아이가 8살이 되자 학교에 입학했다. 아이는 한글을 읽을 수 있었지만 받침이 있는 단어는 제대로 쓰지 못하는 상태였다. 불안이 몰려왔다. 아이를 위해서 느긋이 공부한 것이 오히려 학교생활의 걸림돌이 되는 것 같았다. 그때,『학원 없이 살기』책을 다시 읽으며 마음을 다스렸다. 이 책은 '사교육걱정없는세상'이라는 시민단체에서 펴낸 책이다. 이 단체가 부모의 고민을 들어 준다며 단체의 홈페이지 주소를 책 앞표지 하단에 적어 놓았다. 요즘 초등학교 1학년의 학부모가 되면서 고민이 너무 많은데 사이트에 접속이나 해봐야겠다는 심정으로 인터넷에 접속했다. 사이트를 둘러보니 단체의 교육관과 교육운동이 마음에 들었다.

'사교육걱정없는세상'은 사교육을 줄이기 위해 공교육 부실과 입시경쟁을 부추기는 사회 구조에 국민이 함께 아이와 부모들의 눈물을 씻겨주고, 배우고 가르침이 행복한 세상을 만들고자 앞장서는 단체였다. 사교육 없이 사는 것이 아니라 사교육 걱정 없이 사는 세상이 이 단체의 지향점이었다. 걱정이란 단어에는 여러 가지 의미가 있을 것이다. 궁금해졌다. 며칠 동안 사이트를 들락날락하며 다른 사람의 상담내용도 읽고 위안을 얻는 시간을 가졌다. 마침내 "당신이 변화의 시작입니다."라는 문구를 보는 순간 확신을 가지고 소신 있게 아이를 키우기로 다짐했다. 이후에도 시간 날 때마다 사이트에 접속했고 '모이자! 지역 모임'이라는 게시판을 보게 되었다. '아, 지역에서 만날 수 있구나! 모임을 나가야겠어.' 동네 엄마들에게는 우리 아이가 한글을 아직 다 떼지 못했다고 이야기할 수 없었다. 사상과 현실은 현저한 차이가 나기 때문이다. 나름 아이의 발달에 맞게 키운 것이지만, 방치 아닌 방임으로 보여 혹시 우리 아이를 걱정의 시선으로 볼까 입도 뻥끗하지 못했다. 그래도 이 고민을 밖으로 털어놓고 싶었다. 함께 고민을 나누고 싶었다. 이런 모임이 꼭 나를 위한 모임이라는 생각이 들었다. 그래서 게시판에 글을 올렸다.

"안녕하세요? 저는 천안에 사는 두 아이 엄마입니다. 혹시 천안에도 지역 모임이 있나요?"

엄마, 세상 밖으로 나가다

지역 간사님의 댓글이 달렸다. "아, 선생님, 02-****-****으로 전화 한 통 주세요."

전화를 걸었다. 심장이 두근거렸다. 함께 할 수 있다는 설렘도 잠시, 천안에는 아직 모임이 없다는 답변을 들었다. '역시나 또 혼자 끙끙 앓고 가야 하는가 보다.' 아쉬워하는 찰나, 내게 간사님이 말씀하셨다.

"선생님, 괜찮으시면 깃발 들고 시작해보실래요? 제가 천안에 비슷한 고민을 가진 엄마들을 한번 모아 볼게요. 선생님이 시작만 하시면 모임은 만들어지거든요."

내 성격상 당연히 거절하지 않았다. '없으면 만들면 된다는데 뭐가 어렵겠어? 일단 시작하는 거지.'

그렇게 천안에 지역 모임이 만들어지고 난 얼떨결에 천안, 아산 지역 모임인 '등대모임'의 등대장이 되었다. 한 달에 한 번 엄마들끼리 만나 아이 키우는 이야기와 교육적인 부분을 공유하고, 단체에서 주는 자료로 엄마의 성장을 위한 공부를 해나갔다. 한 엄마가 울면서 어제 아이와 다퉜던 이야기를 시작하면 너도나도 비슷한 일을 떠올리며 그 엄마의 마음을 헤아려 준다. 힘내라고, 다들 그렇게 산다고, 우린 완벽한 엄마가 아니므로 자책하지 말자고 위로한다. 모임을 나가면서 제일 큰 혜택이 불안했던 아이에 대한 걱정을 조금씩 나 스스로 내려놓을 수 있었던 것이다. 갈대였던 내가 느티나무처럼 흔들리지 않는 나무 엄마가 되어가고 있었다. 이제 제대로 만났다. 내가 소속되고 소통하고 싶었던 곳을. 그동안의 방황이 이 등대모임을 만나기 위한 시간이었나 보다.

비슷한 고민으로 소통하고 싶었던 나, 뒤돌아보니 그 모든 시간이 성장의 시간이었다.

엄마들에게는 이런 모임이 딱 맞다. 아이를 키우는 엄마라면 누구나 참가할 수 있고 함께 할 수 있는 등대모임(아이들에게 등대처럼 빛을 밝혀주며 아이들의 인권을 보장해 주고 행복하게 공부하는 나라를 만들기 위한 엄마들의 모임)의 리더로 3년을 보내는 동안 나는 정말 등대처럼 살아야 할 것 같은 사명감이 생겼다.

소통과 관계를 통한 성장은 누구나 할 수 있는 것이지만, 실제로 하느냐 안 하느냐에 따라 엄마와 아이의 인생은 달라진다. 내가 경험해 보았으니 이건 분명하다. 이렇게 난 어른이 되어 가고 있다. 괴물 같았던 엄마에서 이제는 제대로 소통하면서 성장 중이다. 아이를 걱정할 시간에 엄마 공부를 하고, 아이의 인생을 느긋하게 지켜볼 수 있는 힘을 키우며 한 번 더 웃으면서 아이들을 대한다.

> "부모와 자식 관계를 떠나 모든 인간 사이의 관계는 결국 마음을 나누는 것이다. 그것이 돈을 주고받는 거래와 다른 이유는 때로 먼저 마음을 더 내어주고, 때로 자신의 마음을 접기도 하는 어떤 배려가 존재하기 때문이다. 이는 인간에게 결코 없어서는 안 될 소중한 가치이기도 하다. '또 다른' 의미의 희생이라고 불러도 좋다. 마음의 희생 말이다."
> — 이승욱, 신희경, 김은산 지음, 『대한민국 부모』 中

마음을 나누는 것, 이것이 소통이다. 집에서 남편과 소통이 잘되지 않으면 일단 집 밖으로 나오자. 나와서 같은 고민과 생각을 하는 사람들과 마음을 나누다 보면 제일 잘 이해해야 할 대상인 남편과 왜

엄마, 세상 밖으로 나가다

소통이 안 되는지 알 수 있게 된다. 우물 안 개구리처럼 혼자 끙끙 앓기만 한다면 항상 제자리다. 소통을 통해 성장하는 엄마의 변화는 아이에게 아주 좋은 에너지를 전해 줄 것이다. 아이와의 소통도, 가족 간의 소통도 조금씩 달라지는 것을 느낄 수 있다.

정의에 불타는
엄마

'사교육걱정없는세상'은 2016년부터 〈출신학교 차별 금지법 제정〉을 위한 100만 국민운동을 진행하고 있다. 2016년 11월 추운 겨울날, 나는 출신학교 차별 금지법 1인 시위를 하러 국회 앞으로 갔다. 국회 앞의 낯선 분위기, 조용하면서도 침묵 속의 외침이 느껴졌다.

점심시간에 맞춰 피켓을 들고 자리를 잡았다. 여러 가지 억울함으로 국회 앞에서 1인 시위를 하는 사람들을 보니 떨리는 마음이었다. 국회는 TV에서만 봤지 직접 눈으로 보긴 처음이었다. 엄습하고 묘한 기류가 흐른다. 밥 먹으러 가는 사람, 일하러 국회에 오는 사람, 기삿거리가 있나 기웃거리는 사람들을 보면서 내가 하는 시위조차 별일이 아닌 것처럼 느껴졌다.

1시간이란 시간은 길게 느껴지지 않았다. 함께한 간사님과 이런저런 이야기를 나누며 대한민국 부모로서 느끼는 감정을 서로 나누었다. 간사님이 SNS에 글을 올리기 위해 간단한 인터뷰를 요청했다.

"왜 1인시위에 참여하셨나요?"

"아이가 태어나면 어릴 적부터 부모의 사랑과 보살핌이 필요해요.

아이가 혼자 스스로 할 수 있는 일이 많아지고 엄마의 손길이 필요한 부분이 줄어들 때 아이에게 꼭 필요한 게 무엇일까 생각해 봤어요. 비싼 옷, 깅난삼, 소문난 학원보다 아이들에게 줄 수 있는 것이 무엇인지, 엄마로서 대한민국의 한 사람으로 아이들을 위해 해야 하는 일이 무엇인지 생각해 봤어요. 물질적인 것은 그 순간의 만족과 행복함이 있을지언정 그뿐이라고 생각했어요. 아이들이 살아갈 사회의 미래와 교육체제의 변화는 아이들이 조금 덜 힘들게 살 수 있게 하지 않을까 싶어 엄마로서 할 수 있는 것을 단체와 함께하고 싶어 1인 시위에 동참하게 되었습니다."

미리 질문을 알려 주신 것도 아니었다. 생각을 정리하기 전에 입에서 나온 말들이다.

집으로 돌아오는 버스 안에서 따뜻한 아메리카노 한 잔을 손에 쥐고 창밖을 내다보는데 기분이 참 좋았다. 문득 잘 살아가고 있다는 생각이 들었다. 사회적인 부분에 도움을 주는 엄마로 살아가고 있다는 것이 나 스스로 뿌듯했다.

지난 6월 초여름, 출신학교 차별 금지법 법률 개정을 위해 서명운동이 시작되었다. 서울 사무실에서 캠페인 전단지와 필요한 준비물을 가지고 천안으로 오셨다. 우리는 천안 번화가에 있는 백화점 앞에 자리를 잡고 캠페인 준비를 시작했다. 검은 양복을 입은 관리자들이 한 명씩 번갈아 가며 와서 말을 걸었다.

"영업에 방해됩니다. 집회 신고하고 오셨습니까?"

"여기는 신고 없이 서명운동이 가능한 거로 알고 있는데요?"

"미리 하고 오셔야 합니다. 빨리 정리해 주세요."

전국 지역마다 서명 운동과 캠페인을 하러 다니는 간사님은 못 할 이유가 없다며 진행을 계속하자고 하셨다. 난 태어나 처음으로 어깨에 띠를 두르고 손에는 전단지를 들고 사람들 앞에 나섰다. 행인들의 무심한 눈초리 앞에 당당히 서지 못하고 기어가는 목소리로 처음 보는 사람들에게 캠페인의 내용을 이야기했다. 검은 양복의 관리자들이 서성이는 분위기에 시민들은 서명을 꺼리는 모습이었다. 우린 30분 만에 짐을 싸야만 했다. 첫 서명운동은 그렇게 막을 내렸다. 다시 날짜를 잡기로 했다. 날짜를 정하고 먼저 경찰서에 집회 신고를 마치고 가기로 했다. 집회 신고를 준비하다 보니, 신고는 천안의 거주자가 신고해야 한다며 간사님이 어렵게 부탁을 하셨다.

"제가 경찰서에 가야 해요?"

"네. 선생님. 서류는 다 준비해 뒀으니깐 가서 내시기만 하면 돼요. 왜 왔냐고 물으면 적힌대로 읽어 주시거나 보여주시면 되니깐 걱정하지 마시고요. 제가 전화로 다 이야기해뒀으니 가서 접수만 해주시면 됩니다."

접수일 전날, 가슴이 두근거리고 떨리기 시작했다. 죄를 지어 경찰서에 가는 것도 아닌데 일단 경찰서를 간다는 게 처음 있는 일이라 걱정이 앞섰다. 다음날 주차를 하고 1층 경찰서에 들어서서 집회 신고 담당 부서인 정보과에 방문했다. 수사과와 형사과를 지나 정보과 사무실로 들어섰다.

"무슨 일로 오셨습니까?"

"아, '사교육걱정없는세상'에서 왔는데요, 집회 신고하려고요."

"서류 이리 주시고, 잠시 앉아서 기다려 주세요. 혹시 커피나 신문 드릴까요?"

엄마, 세상 밖으로 나가다

"아니요. 괜찮습니다." 계속 떨리는 마음이었다.

"저희 아들도 중학교 3학년이에요. 이런 좋은 운동 해주셔서 감사해요. 진짜 이렇게 바뀌면 얼마나 좋을까요? 뭐라도 대접해 드리고 싶은데 해드릴 게 없네요."

어머나, 난 왜 불안했을까? 집회 신고는 데모하는 사람들만 한다고 생각했던 나 자신이 부끄러웠다. 신고를 마치고 주차장으로 향하는 발걸음이 가벼웠다.

이윽고 출신학교 차별 금지법 서명운동을 하는 날이 왔다. 만반의 준비를 끝내고 어깨에 띠를 두르는 순간, 처음보다 훨씬 긴장감이 줄었다는 걸 느꼈다. 따사로운 햇볕 아래 이어폰을 끼고 지나가는 사람들에게 말을 걸었다. 전단지를 거절하는 사람들에게 조금씩 상처를 받다 좋은 운동 해주셔서 감사하다는 학부모님을 만나면 또 힘이 솟았다.

서명해줄 테니 카드 하나 만들어 달라는 분도 있었다. 이런다고 세상이 바뀌냐고 하소연하는 분들도 있었다. 갑자기 검은 양복을 입은 관리자가 오더니 집회 신고는 하고 왔냐고 물었다. 당당히 집회 신고서를 보여줬다. 얼마 후 백화점 고위 간부로 보이는 사람이 4명의 부하를 대동하고 왔다.

"출신학교 차별 금지법이 뭐예요? 이렇게 한다고 안 바뀌어요. 바뀔 것 같아요? 힘 빼지 말고 그만 해요."

그는 뒤돌아서며 혼잣말을 했다. "바보들아. 바뀔 만한 걸 바꿔야지."

속으로 외쳤다. '나 그냥 평범한 엄마야! 아저씨, 바보라니, 아저씨는 출신학교가 얼마나 좋아서 그 자리에 앉아 세상이 자기편인 마냥 그렇게 살아?' 그에게 물어보고 싶었다.

갑자기 어디서 힘이 솟았는지 캠페인 구호를 큰 소리로 이야기하기 시작했다. "아이들을 위해 서명 부탁드립니다. 출신학교 차별을 금지해야 합니다! 함께 해주십시오! 감사합니다."

3시간의 서명운동 후 집으로 돌아왔다. 아이들이 올 시간이 다 되었다. 온몸에 힘이 빠지고 몸살 기운이 돌았다. "엄마 오늘 대단한 일 하고 왔어. 엄마가 모르는 사람들한테 부탁하고 설명하느라 힘이 쏙 빠졌네. 오늘 저녁은 나가서 사 먹자 얘들아. 오늘 엄마 본업은 휴업하기로 하자!" 밥을 먹으며 간사님이 촬영해서 보내주신 캠페인 속 내 모습을 아이들에게 보여줬다. "봤지? 대단하지? 그러니깐 오늘 책은 너네끼리 읽고 자기로 하자. 엄마가 말을 너무 많이 해서 입이 아프네!"

다음날부터는 일어나서 다시 엄마 모드로 변신해 아이들을 깨웠다. 아. 너무나 행복했다. 내가 아이들이 살아갈 세상을 위해 뭐라도 하고 있다는 것이, 애만 키우던 엄마가 이렇게 변화된 삶을 살 수 있는 것이 신기했다. 사람은 어떤 자리에 있으면 그 자리에서 할 수 있는 일이 생긴다고 한다. 천안의 등대 불빛을 사람들에게 비추다 보니 정의로움에 불타는 엄마가 되어 살아가고 있었다.

장하준 교수의 『그들이 말하지 않는 23가지』의 속표지 글 중 가슴에 와 닿았던 문장을 이곳에 옮겨 본다.

"200년 전에 노예해방을 외치면 미친 사람 취급을 받았습니다.
100년 전에 여자에게 투표권을 달라고 하면 감옥에 집어넣었습니다.

50년 전에 식민지에서 독립운동을 하면 테러리스트로 수배당했습니다. 단기적으로 보면 불가능해 보여도 장기적으로 보면 사회는 계속 발전합니다.

그러니 지금 당장 이루어지지 않을 것처럼 보여도, 대안이 무엇인지 찾고 이야기해야 합니다."

나는 이 글을 읽고 정의롭게 사는 시민이 되리라 다짐했다. 흔히 많은 사람이 말한다. "안 바뀌어. 세상은 절대 안 바뀌어. 우리가 죽어야 바뀌려나? 괜한 짓 하는 거야. 나만 잘살면 되지, 뭐."

그래, 어쩌면 맞는 말일 수도 있다. 그러나 누군가는 세상의 불합리한 부분을 바꾸려고 노력해야 하고 바꿔야 한다. 예전에는 열심히 하면 인정받고 살 수 있던 시대였다. 개천에서 용이 나올 수 있었던 시대였다. 그러나 지금의 시대는 사교육 걱정으로 많은 사람들이 피폐해진 시대다. 우리가 만들어 놓은 지금의 대한민국의 모습을 외면하지 말자. 광화문의 촛불 시위처럼 이제 우리 엄마들도 정의로운 여자로 일어서야 한다. 우리가 그 '누군가'가 되어야 한다.

긍정의 에너지가
넘치다

새벽 2시 반, 현관문이 열리는 소리에 눈을 떴다. 아이들을 재우다 같이 잠들었나 보다. 신랑이다. 초췌한 얼굴로 물었다.

"왜 전화 안 받았어?"

"술 먹고 온다고 해서 충전시켜놓느라 못 들었지. 오늘 엄청 피곤했거든."

"근데, 팔이 왜 그래? 주사 맞았어? 누구랑 싸운 거야?"

"응급실 갔다가 온 거야. 전화를 계속해도 안 받아서 잠깐 집에 온 거고."

팔에 반창고를 여러 군데 붙인 신랑은 다시 응급실로 가야 한다며 일어설 준비를 했다.

"다시 가야 해? 왜? 어디가 아픈 건데?"

그는 벽에 기댄 체 설명을 시작했다. 저녁 술자리가 끝날 때쯤 배가 아팠고, 복통이 심해 토를 하면 나아질까 싶어 사람들을 보내고 놀이터 풀숲을 헤쳐 구토를 시도했지만, 토가 나오지 않았단다. 풀에 긁힌 상처들이 손과 턱 여러 군데에서 보였다. 상황이 심각했다는 걸 알 수 있었다. 내가 전화를 받지 않자 동료에게 전화를 걸어 응급실에 데려다 달라고 부탁했다고 한다. 병원에서 복통의 원인을 찾아 심전도 검사를 해보니 정상적인 수치가 100인데 신랑의 수치는 180까지 올라가 심장이 비정상적으로 뛰고 있었다는 것이다. 내 눈으로 그의 심장을 쳐다봤다. 눈으로 보일 정도로 심장이 튀어나올 것처럼 움직이고 있었다. 아무것도 모르고 잠을 잔 내가 바보 같다는 생각이 들었다. 사실 자다가 한 번의 전화벨 소리를 들었지만, 술을 먹고 집에 오는 길에 전화를 하나 싶어 받질 않았다. '이 인간 또 술 먹고 술주정하려고 전화하는구나.'라는 생각에 벨 소리를 무시했던 것이다.

직장 동료는 12시에 집으로 가고, 신랑 혼자 응급실에서 검사를 받다 내가 전화를 받지 않으니 기다리지 못하고 주삿바늘을 빼고 혼자 걸어왔다고 했다. 우리 집에서 대학병원이 10분 거리라지만, 그 새벽에 비정상인 심장을 가지고 걸어온 생각을 하니 미안하면서도 집에 왔단 사실이 이해가 가지 않았다. 의사가 혹 지금 집으로 돌아간다면 가는 길에 급사할 가능성도 있으니 큰일이라며 아침까지 기다리라고 했다는데, 어쩌려고 그랬는지 이해가 되지 않았다. 새벽이라 아이들을 깨워 다른 곳에 맡길 수도 없는 상황이었다. 신랑은 휴대폰 충전기를 챙겨 택시를 타고 병원을 간다며 집을 나섰다. 택시를 타고 가다 쓰러지면 어쩌지? 나는 발만 동동 구르며 현관문만 쳐다보았다. 그 순간에도 우린 아이들이 먼저였다. 신랑에게 응급실에 무사히 도착했다는 연락을 받고 한숨을 돌리고 펜을 들었다. 그리고 현재 상황을 직시하고, 어떻게 진행되고 있는지에 대해 적고 내 생각을 글로 써 내려갔다.

1. 아침 9시까지 아이들을 모두 학교, 유치원으로 보내고 병원으로

간다.

2. 오후 5시까지는 시간이 있으니 신랑의 입원이 결정되면 아이들을 맡길 방법을 찾는다.

3. 신랑은 아직 거동이 가능하니 일단 심각하지 않을 수도 있다.

4. 병원에서 신랑의 검사를 기다릴 동안 읽을 책을 정하고 병원 갈 가방을 싼다.

5. 혹시나 식사를 해야 할 수도 있으니 도시락을 싸서 갈 준비를 해야 한다.

글을 쓰다 보니 신랑의 현재 상태에 대한 걱정과 무서움보다 현실적인 부분에 대해서만 대책 마련을 하는 나 자신을 볼 수 있었다. 그러다 아까 신랑의 병명이 부정맥이라고 했던 사실이 떠올랐다. 인터넷으로 검색을 시작했다. 병명의 증상과 원인이 무엇인지 검색했다. '심장이 비정상적으로 빨라지거나, 늦어지거나 혹은 불규칙하여 순간적으로 심장 기능이 완전히 마비되어 곧바로 심장마비로 사망할 수도 있는 질병'이라는 항목을 찾을 수 있었다. 2000년 4월에는 그라운드에서 쓰러진 야구선수가 부정맥으로 10년 가까이 투병 생활을 하다 심장마비로 사망했다는 기사가 제일 먼저 눈에 들어왔다. 설마 우리 신랑은 아니겠지. 검색하고 대책을 적어 내려갔다. 어느 정도 정리가 되고 난 후 다시 잠자리 들었다.

다음날이 되어, 작은아이를 유치원 버스에 태워 보내고 그길로 바로 병원으로 향했다. 보호자 면허증을 목에 걸고 응급실로 들어가는데 가슴이 콩닥콩닥했다.

아무리 찾아봐도 신랑이 보이질 않는다. 중환자실에 혼자 누워 있는 사람을 보니 그가 남편이었다. 심장에 심전도 검사기를 붙이고 잠이 든 그를 보니 조금씩 실감이 났다. 담당 응급의사를 만나 남편이 입원해야 할 것 같다는 말과 심장이 약을 써서 정상으로 돌아오긴 했지만, 심장내과 주치의의 소견은 입원 후 심장 정밀 검사를 해야 할 것이라는 말을 들을 수 있었다. 의사는 정상도 아닌, 비정상도 아닌 애매한 상태인 사람을 집으로 보냈다간 큰일이 날 수 있다고 말씀하셨다. 늘 감기도 잘 걸리지 않고 건강상으로 문제없어 보였던 신랑이었다. 술을 많이 먹는 날이 많았지만, 아침마다 똑같은 시간에 출근하고 늦은 시간에 퇴근해 쳇바퀴 돌 듯 사는 그가 이해가 되지 않으면서도 체력이 참 좋다고 생각했었다. 그러나 오래가지 못하고 결국, 신랑의 몸은 한꺼번에 무너지기 시작했다. 소변 검사를 하니 단백뇨가 많이 배출되어 콩팥 이상이 있는 상황이며 염증 수치도 상당히 높게 나왔다고 했다. 간호사는 나에게 신랑의 입원 기간 동안 소변을 계속 모아 검사를 해야 한다며 소변 통에 소변을 담아 달라고 하는 등 여러 가지 설명을 하고 본인의 일을 하러 갔다. 심장내과 병실에는 나이가 많은 할아버지들이 병실에 가득했다. 그 와중에 37살밖에 되지 않은 젊은 남자가 환자로, 나는 보호자로 병실에 있었다.

회진을 돌던 의사가 신랑이 누워있는 침대 앞에 섰다. 그는 당뇨며 고혈압이 없는 상태에서 40살 이전에 부정맥이 오는 것은 흔한 일이 아니며 문제가 있다는 이야기를 했다. 그리고 내일 심장 조형술을 해보고 싶다며 혈관이 어디 막혀 있는지 확인을 해보고 막혀 있다면 바로 뚫어 약물치료 방향을 정하자고 하셨다. 나는 병실을 나가는 의사를 따라갔다.

"선생님. 저희 신랑 괜찮은가요? 평소에 몸 관리를 전혀 안 했어요. 스트레스도 심하고 술도 매일 먹었거든요. 불규칙한 식습관에 영양

제라곤 먹질 않았어요. 뭐가 문제여서 부정맥이 왔을까요?"

"보호자님. 식습관이나 스트레스가 원인이 될 순 있어요. 하지만 젊은 나이에 심장이 이상하게 뛰었다는 건 원인보다 치료법을 제대로 찾아서 앞으로 다시 이런 일이 일어나지 않게 하는 게 지금 제일 필요합니다. 자책하지 마시고요. 보호자님이 잘못한 건 없어요. 제가 내일 최선을 다해서 막힌 곳이 있나 찾아볼 테니 저를 믿고 걱정하지 마세요. 그리고 아까 말씀 안 드렸지만, 만약 심장이 막혔으면 치매약을 먹어야 할 수 있다는 걸 알고 계셔야 합니다. 아직 나이가 어리시기 때문에 심장이 갑자기 잘못되어서 뇌로 피가 바로 올라가 버리면 치매가 걸리는 거예요. 그럼 중풍이 걸리는 거라는 걸 말씀드리고 싶었지만, 걱정하실까 봐 안 드렸어요. 그래도 알고는 계셔야 합니다."

"네? 중풍이요? 벌써 중풍약을 먹어야 한다고요?"

"일단 내일 조형술 끝나고 이야기할게요."

머리가 빙 돌았다. 앞뒤 이야기는 생각나지 않고, 치매, 중풍이란 단어만 머릿속에 맴돌았다. 시간을 보니 오후 5시가 다 되었다. 내일 아침에 오겠다는 인사와 함께 집으로 돌아왔다. 아이들이 모두 집으로 돌아왔다. 아빠가 아파 병원에 있다는 정도만 이야기하고 내일 아빠를 보러 병원에 같이 가자고 아이들과 약속했다. 식탁을 치우고 설거지를 하는데 갑자기 서러워서 눈물이 났다. 별일 아닐 거라 생각했는데, 물론 어쩌면 별일이 아닐 수도 있지만, 꼭 별일이 일어날 것 같아 무서웠다. 거실에서 장난치며 노는 아이들이 불쌍해졌다. 어린 나이에 혹여 아빠가 잘못될 수도 있었고, 나는 과부가 될 뻔했다는 사실과 만약 혈관이 막혀 있다면 앞으로 치매 예방약을 먹어야 할 신랑을 받아들이기 힘들었다. 소리도 없이 흐르는 눈물 때문에 그릇이 잘 보이지 않았다. 잘 놀던 아이들이 싸우는 소리가 들렸다. 상황을 심각하게 받아들이고 있던 나는 아이들에게 이야기하고 싶었다. 아빠가 지금 어떤 상황인지 알고 그러느냐고, 이 상황에서 너희들이 싸울 수 있냐고…

그날 밤 혼자 앉아 글을 썼다. 내가 왜 이토록 슬퍼하는지에 대해 나에게 물었다. 적다 보니 눈으로 볼 수 있었다. 신랑이 의사에게 대답한 말 때문이었다는 것을.

"혹시 예전에도 심장이 이렇게 빨리 뛰고 두근거린 적 있었어요?"

"1년 전부터 2번 정도 비슷하게 심장이 이상하다는 걸 느꼈어요. 급하게 일을 하고 있어서 그냥 넘겼거든요. 두근거림이 심했지만 참았었어요."

10년간 한 직장에서 칼날처럼 날카롭게 일하고 살면서 쌓인 스트레스가 굉장했던 그가 어느 날 나에게 회사를 그만두고 싶다고 이야기했을 때, 책임감이 강하던 그도 결국 힘들다는 이유로 가장으로서의 책임을 조금 내려놓나 생각했었다. 만약에 내가 퇴직과 이직을 허락하지 않았다면 그는 그 칼날 위에 서서 본인의 몸이 보내는 신호를 무시하며 살았을 것이다. 그래서 나와 아이들 곁을 떠날 수도 있었다는 생각에 난 많이 슬프고 견디기 힘들었던 것이다. 그때의 내 선택이 틀리지 않았다는 걸, 신이 존재한다면 나에게 그를 잃지 않을 기회를 준 것이다. 그날 나는 감사 일기에 신랑이 심장의 이상을 느끼고 고칠 기회를 준 것에 대해 감사하다고 써 내려 갔다. 심장이 막혔으면 그걸 알게 되고 뚫을 시간을 당겼다는 것을 감사하게 생각하자고 적었다. 서서히 걱정이 누그러지며 마음이 차분해짐을 느꼈다.

예전의 나였으면 아마 해가 뜰 때까지 눈물로 밤을 지새웠을 테고 전화기를 붙잡고 걱정을 없애기 위해 노력했을 것이다. 그런데 글이 마법을 부렸다. 글을 적으니 마음을 추스를 수 있었고 긍정의 에너지가 충만해졌다. 다음날 눈을 뜨고 아이들을 보낸 후 심장 조형술이 시작되기 전에 병원에 도착하기 위해 병원으로 향하다 손이 시려 따뜻한 커피 한 잔을 들고 가고 싶어졌다. 커피숍에 들어가 커피를 주문하자마자 신랑에게서 전화가 왔다.

"여보. 어디야? 커피 사고 있어? 나 좀 있다가 조형술 하러 들어가야 한대. 보호자 사인해야 한다는데 얼른 와줘. 너무 걱정 안 하는 거 아니야?" 그가 웃었다. 나도 웃었다. "이상하게 차분해. 나도 내가 너무 차분해서 무서워~."라고 대답했다.

다행히 혈관은 막힌 곳 없이 정상이었다. 그 후 신랑은 술을 줄이고 몸을 돌보며 본인 스스로 자기 자신을 사랑하며 살아간다. 글쓰기로 마법을 부렸더니 통했나 보다. 내 긍정의 에너지가 전해진 게 분명하다. 나는 요즘 육아든, 나의 삶이든 차분해진 나를 많이 느낀다.

엄마, 세상 밖으로 나가다

관심 분야가
같은 사람들

　　　　　새로운 사람을 알게 되는 것, 수많은 사람 중에서 특별한 사람들은 어떻게 내 앞에 나타나는 것일까? 우연일까? 필연일까?

　우연히 TV에 나오는 〈생로병사의 비밀〉이라는 프로그램에서 '뇌의 기적 2편 - 관계(Relationship)'을 보게 됐다. 나는 이 프로그램을 통해 사람과의 관계가 뇌에 어떤 영향을 미치는지에 대해 어느 정도 알 수 있었다.

　이 프로그램에 의하면, 일단 주변 사람과의 관계가 치매에 미치는 영향력이 크고 탄탄한 인간관계가 없는 사람들은 모든 원인의 조기 사망률이 50%나 증가한다고 한다. 특히 방송에서는 서로 배려하고 신뢰하는 사람들과 함께 있으면 스트레스가 줄고, 타인에게 적절한 피드백을 받지 못했을 땐 부정적인 생각에 빠져들기 쉽고 우울증에 걸리거나 건강이 나빠진다는 연구 결과를 보여주며 사람과의 관계의 중요성을 강조했다.

　딱 내 이야기라는 생각이 들었다. 앞에서 이야기한, 관계가 형성이 잘되지 않으면 우울하고 부정적인 생각을 하며 결혼 생활을 했던 나에 대한 생각이 떠올랐다. 내 모습이 관계 중심형 인간의 뇌를 보여 주는 것 같았다.

　충청북도 보은에 신랑의 외할머님이 살고 계신다. 할머니는 자식들을 키우면서 계 모임이나 동네 마을회관조차 잘 가지 않으셨다. 사람과의 관계는 고작 외할아버지뿐, 동네 할머니들과의 왕래가 거의 없이 시내에도 잘 나가지 않으시며 나이가 70세가 넘도록 그런 삶을 사셨다고 한다. 그러다 2년 전부터 갑자기 치매기가 보여 병원에서 정밀 검사를 받고 초기 치매약을 드시기 시작했다. 밥도 안 드시고 기력이 떨어지면서 누워계시느라 두통도 더욱 심해지셨다. 시어머님이 걱정하셨다. 어느 날, 할머니를 모시고 속리산을 구경하고 자장면을 사드렸더니 며칠 간은 거동도 하시고 밥도 잘 드셨다고 한다. 병원에서는 딱히 아픈 곳이 없다고 하고, 할머니는 매일 같이 아프시다 하시니 걱정이 앞서 주말마다 시부모님은 할머니를 뵈러 가셨다. 그 후로 집에 사람이 온다는 것만으로, 자식을 기다리는 설렘으로 움직이게 되고 컨디션이 좋아지는 날들이 많아졌다고 했다. 깻잎을 많이 뜯었다는 이유로, 일요일 아침마다 가지러 오라고 하시는 말씀을 들으면 사람이 그리우신 것 같다는 생각이 들었다. 외할머니와 나의 경우를 보더라도 사람과의 관계가 삶에 아주 큰 영향을 준다는 것은 의심의 여지 없이 분명하다.

　내가 외로울 때, 엄마인 난 엄마들의 모임을 만들었고 그 모임을 할 장소를 찾다 〈산새〉라는 북카페를 알게 되었다. 모임을 알아보러 그곳에 갔다가 어느새 내가 그곳에서 독서모임에 참여하고 있었던 것이다. 오늘날의 나로 성장할 수 있었던 것의 시작이 그곳이었다. 우연을 가장한 필연인 사람들이 보이지 않는 실타래를 손가락에 묶고 꼬인 실을 풀다가 때에 맞게 나타나 영향력 있는 사람으로 나와 함께 소통하며 계속 성장하는 시간을 가지며 살아간다.

〈산새〉에 어떤 모임이 있나 기웃거리다 소나기 프로젝트로 부모, 자녀 대화법에 관련된 교육시간이 열린다는 공지를 봤다. 그때 처음 만난 선생님이 김희숙 선생님이다. 선생님의 '부모자녀 대화법' 12주차 수업을 수료하면서 나는 아이들뿐만 아니라, 가족과 친구와의 관계에서도 내가 어떤 대화를 유도해 나가는지 뒤돌아보는 시간을 가졌다. 선생님은 KACE(Korea Association for Community Education, 한국지역사회교육협의회) 천안 지부의 부모자녀 대화법 지도자로, 본인의 삶 속 아이들과의 이야기로 공감을 형성하며 엄마들을 위로했다. 수업 중에는 인성과 관련된 미덕의 언어로 내면을 일깨우고 강화시키는 버츄(Virtues, 미덕(美德)을 의미하는 영어 버츄(Virtues)에서 나온 말로, 여기서는 52가지 미덕의 의미를 깨우치고 찾아내어 아름다운 원석으로 인성을 연마시키는 프로그램을 의미한다)에 대해 소개해 주셨다. 어느 날, 선생님은 버츄의 미덕으로 아이들에게 인성교육을 하며 가슴으로 키우신 권영애 선생님의 『그 아이만의 단 한 사람』이란 책을 추천하셨다. 제목과 표지의 그림만으로 내 가슴에 꽂힌 그 책. 페이지가 넘어갈수록 페이지 수가 얼마 남지 않아 속상해하며 책을 또 읽고 또 읽었다. 보는 사람마다 이 책을 꼭 읽어 보라며 추천해줬고, 학교 도서관에 기부하고 싶을 만큼 좋은 책이라는 생각이 들었다. 힘들어하는 선생님에게는 반드시 권해 드리고 싶었던 책이다. 천안 KACE SNS에서 권영애 선생님이 천안에 저자 강의를 하러 오신다는 글을 읽고, 내 SNS에 공지 사진을 올려놓았다. 이후 SNS를 확인하다 6년 정도 연락을 하지 않고 지냈던 옛 신혼집 이웃인 홍주미 언니와 연락이 닿았다. 언니는『그 아이만의 단 한 사람』을 읽고 감동해서 서평을 SNS에 올렸다가 인연이 닿아 다시 만나게 됐다. 우린 함께 저자 강의를 들으러 가자고 약속을 하고 강의실에서 만났다. 오랜만에 봤어도 책에 대한 공감과 깨달음이 같다는 이유로 너무나 반가웠다. 우리는 그날 권영애 선생님의 강의를 들으며 눈물을 닦고 서로의 등을 토닥여 주었다. 그때부터 버츄를 실생활에 적용해 보고 공유하며 버츄 친구가 되어 준 언니, 주미 언니에게 내가 글을 쓰며 나 스스로를 치유한 이야기를 편하게 했다. 권영애 선생님의 블로그를 통해 이은대 선생님의 책을 알게 되었고 언니에게도『내가 글을 쓰는 이유』를 추천했다. 자주 연락하지 않다가 갑자기 만나게 되었어도 서로가 그동안 살아온 이야기를 하느라 시간 가는 줄 몰랐다. 또 다른 내가 앞에 앉아 있는 것 같아 놀랄 때가 많았다. 그리고 언니와의 실타래는 다시 다른 곳과 연결되어 있었다. 천안 소식만 모아둔 인터넷 카페에 이은대 선생님이 일일 특강을 하러 천안에 오신다는 소식을 보게 됐고 바로 참여 문자를 보냈다. 강의 장소가 변경되었다는 문자가 왔다. '변경 장소는 〈산새〉입니다.'라는 문구에 소름이 돋았다. 나의 안식처 〈산새〉에서 이은대 선생님을 만난다니! 기존 강의 장소인 커피숍이 갑작스러운 공사로 장소를 쓸 수 없게 되었다는 게 그 이유였다. 이 또한 정해진 운명이었을까? 이 강의를 진행했던『마인드파워로 아주 쉬운 육아법』의 저자 박선진 작가님이 사전 답사로 〈산새〉를 방문했을 때, 〈산새〉 대표님이 내 이야기를 하셨다고 한다.

"보라 씨라고, 부모교육에 관심 많은 엄마가 이 강의에 대해서 이야기해준 적이 있어요. 작가님처럼 글쓰기로 성장하는 엄마예요. 그래서 책도 추천해 주고 그랬는데, 강의를 〈산새〉에서 하게 돼서 아주 잘됐네요."

그렇게 〈산새〉에서 이은대 선생님을 만나는 날, 박선진 작가님과 난 서로의 존재를 궁금해했다. 강의를 들은 후 〈산새〉에 놓고 간 육아서를 보며 먼저 한번 뵙고 싶다고 작가님께 연락했다. 서로 반가워하며 만나는 날을 기다렸다. 만나서 처음 본 우리는 3시간이 1시간처럼 아주 짧게 느껴질 만큼 많이 닮아있고, 서로 비슷한 삶을 살아가고 있다는 걸 알게 됐다. 앞으로 함께 하고 싶다는 생각이 들었다. 만나야 될 사람은 진짜 만나는가 보다. 기쁨을 감출 수 없었다. 사실 작가님을 만나기 전날에 에피소드가 있었다. 그날은 권영애 선생님이 또 한 번 천안에 강의를 하러 오신다고 해서 강의장에 갔다. 나보다 먼저 와 앉아 있는 주미 언니의 등이 보였다. 혼자 반가워하다 일하러 일찍 강의장을 나가는 언니에게 아는 체를 했다. 언니는 나와 눈인사를 한 후 내 뒷사람과 인사를 나누었다. 뒤를 돌아보니 박선진 작가님이 앉아 있는 것이 아닌가? 그러니깐 주미 언니와 박선진 작가님이 서로 알고 있던 사이였고 100명이 넘는 청중 중 우리 셋은 약속도 하지 않으면서 비슷한 자리에 앉아 강의를 듣고 있었던 것이다. 놀라웠다. 너무 신기했다. 어떻게 이렇게 얽히고 섞일 수 있는지!

만남을 이야기할 때마다 믿기지 않았다. 그렇게 박선진 작가님의 소개로 '글사랑 천안'이라는 독서모임에 합류하게 되었고, 나에게 책을 써도 될 만큼 이야기가 충분하다며 작가의 길을 가도록 응원해준 사람들을 만나게 됐다. 관심 분야가 같은 사람들, 이들은 어디서 왔을까? 내가 그들을 만나려고 내 길을 갔던 걸까? 아니면 그들이 나와 같은 길을 걸어가다 만난 것일까? 나는 둘 다 맞다고 생각한다.

이어지고 이어진 사람과의 관계. 이후로 내 앞에 나타날 사람들은 누구일까? 어떤 좋은 에너지를 주고받으며 서로의 삶에 도움이 되는 인생을 살아갈지 궁금해진다. 심심할 시간이 없다. 외로울 시간도 없다. 관계 속 공통된 관심사로 어떤 이야기를 해도 나에게 좋은 방향을 제시해 주는 내 사람들. 지금 나는 사람들이 내 소중한 재산이다.

한비자(韓非子, BC 280~233년)의 저서에 나오는 중국 속담이 있다.

유연천리래상회(有緣千里來相會) **무연대면불상봉**(無緣對面不相逢)
– 인연이 있으면 천 리가 떨어져 있어도 만나지만, 인연이 없으면 얼굴을 마주하고서도 만나지 못한다.

"만날 사람은 반드시 만난다."

우린, 반드시 만나야 할 운명이기에 독자와 저자로 만난 건 아닐까?

당신과 나의 만남 또한 인연이길 바란다.

엄마, 세상 밖으로 나가다

육아를
센스 있게!

　　　　　　　　아이들 저녁을 먹이고 설거지를 시작했
다. 오늘따라 허리가 끊어질 것 같다. 빠르게 설거지를 끝내고 돌아
서니 식탁 위에 널지 않은 빨래가 담긴 바구니가 보인다. 세상에서
제일 싫은 빨래 개기. 빨래를 널려면 걷어 개야 한다. 더 이상 피할
수 없다. 오늘의 집안일을 다 끝내고 소파로 돌진했다. 허리를 펴며
소파 위에 눕는 순간 세상에서 제일 행복하다. 그 순간 고요한 정적
을 깨는 소리가 들린다. "야~! 왜 놀려. 하지 마." "안 그랬어!" "엉엉."
두 남매가 또 싸우고 있다. 누워서 쳐다보니 찬희의 튀어나온 입이
보인다. 삐죽거리며 걸어온다.

　"엄마, 누나가, 누나가 내가 안 그랬는데 내가 그랬대. 엄마…."
　아이의 얼굴을 보니 속상해서 분한 표정이다. 자기 이야기를 들어
달라고, 자기 마음을 알아 달라고 걸어오는 모습을 보니 웃음이 났
다. 평소에 많이 경험한 상황이라 차분하게 마인드 컨트롤(Mind con-
trol)을 했다. 많은 여유가 생긴 듯하다.

　"찬희 그래서 화났구나? 많이 속상해? 화가 몇 단계까지 갔어?"
　아이들에게 평소에 내가 화가 나면 배꼽→가슴→입 단계로 화가

차서 입 단계에 오면 밖으로 화가 터져 나온다고 종종 말했고, 이 방법을 쓰면 화를 몇 번 삼킬 수 있어서 나와 아이들에게 좋은 화 억제 방법이었다.

내 물음에 찬희는,

"나 너무 속상하고 화가 나서 화가 입을 지나서 머리 꼭대기에서 뒤통수를 넘어서 어깨로 내려왔어. 엄마. 그만큼 속상해."

아이의 말을 듣고 웃음이 나는 걸 꾹 참고 "그랬어?" 하며 아이를 안아 주었다.

너무 화가 난다고, 자기가 속상하다고 알아달라는 아이의 마음을 내 몸이 천근만근 힘들어도 화내지 않고 공감해 줬더니 아이는 금세 울음을 그치고 아무 일 없다는 듯 논다.

가만히 누워 생각했다. 예전 같았으면 "그만 울어! 맨날 징징거리고! 네 방에 들어가서 다 울고 나와."라며 닦달하고 몰아붙였을 텐데. 내면을 들여다보고 긍정의 에너지를 채우다 보니 아이들의 마음도 더 알아주고 그것을 인정해 주는 나를 많이 만나게 됐다. 가끔 놀라기도 하고 어색하기도 하다. 늘 한결같진 않지만 변화된 내 모습과, 큰 화가 없는 우리 집을 보면 달라지긴 달라졌다. 나와 아이들에게 맞는 방법을 찾아 규칙과 약속으로 서로를 존중하며 상처받지 않게 지내려고 하다 보니 많이 발전한 것이다. 언젠가 독서모임에서 아이들에게 화를 내고 나면 속상하고 그 죄책감이 오래간다는 이야기를 했더니 지인이 문자를 하나 보내줬다.

"화가 나는 건 감정이고,
화를 내는 건 행동이래요.

감정엔 옳고 그름이 없지만,

행동엔 옳고 그름이 있다는 것.

화내는 행동에도 지혜가 필요하죠.

허나, 그것 역시 말처럼 쉬운 일이 아니니 끊임없는 노력이 필요하겠죠."

화가 나는 건 사람이기 때문에 당연하다면, 화를 내는 행동에는 엄마이기 때문에 책임이 따른다는 깊은 뜻이 있는 문구였다.

지혜로운 행동!

큰아이가 초등학교에 입학한 후 내가 가장 많이 흔들릴 때는 담임선생님과의 상담이 있는 날이다.

평소 등대모임을 하면서 줏대 있고 뚝심 있는 교육관을 가지고 있더라도 담임선생님의 공부 쪽 이야기가 나오면 껄끄럽다. "수학 성적이 평균 이하예요. 어머니가 신경 써 주셔야 합니다."라는 조언은 교실 밖을 나올 때 나를 미치게 했다. 그 길로 문제집을 사러 간 적도 있고 집에 돌아와 아이를 앉혀놓고 문제를 마구 풀라고 명령하기도 했다. 이 이야기는 아이가 학교에 다니는 3년 동안 학기마다 총 다섯 번을 반복했다. 다른 과목에 비해 떨어지는 수학 과목, '수학이 느리다'에서 '수학을 못한다'로 바뀔 때, 나의 성장 과정으로 인해 '미칠 것 같은 마음'은 '그럴 수 있지'로 변했다. 나중에야 어떻게 되더라도, 일단 연산이 늦은 것을 못한다고 말하는 선생님께는 정중히 대답했다.

"선생님. 도희가 많이 느리지요? 구구단을 못 외운 게 아니구요. 3×9=27을 3×1부터 머릿속으로 세며 답을 찾다 보니 늦게 대답하는 거더라고요. 요즘은 집에서 많이 연습하다 보니 조금 속도가 붙었어요. 제가 집에서 더 신경 쓰고 함께 할게요."

아이의 3학년 2학기 상담 날은 서점에 가지 않았다. 상담 때마다 샀던 새것 같은 문제집이 책장에 그대로 꽂혀 있다. 안다. 그렇게 하면 큰일 날 수 있다고 말할 것을. 하지만 난 아이를 믿는다. 조금 늦더라도 하면 할 수 있다는 것을! 그리고 난 아이 옆에서 방치가 아닌 관심으로 지켜봐 줄 확신이 가득한 엄마라는 것도!

아이와 저녁을 먹으며 상담 때 선생님과 나눈 이야기를 좋게 포장해서 들려줬다.

"선생님이 도희가 조금 느리대. 구구단도 많이 안 해봐서 느린 거 같다고 엄마랑 집에서 많이 풀면 좋겠다고 하시더라. 학교생활이며 친구 관계는 걱정할 것 없다고 말씀해 주셨어. 엄마 기분 참 좋았어. 우리 도희가 잘 지내는 것 같아 고마웠어. 그 대신 오늘부터 연산 문제수를 조금 더 늘릴 거야. 괜찮지?"

공부에 흥미가 없어 보이는 아이, 공부에는 욕심이 없는 아이, 못해도 많이 상처받지 않는 아이, 받아쓰기 40점을 받아와도 긴 문장을 내가 맞혔다고 자랑하는 아이.

아직은 있는 그대로 아이를 보고 싶다. 그렇게 우린 그날부터 구구단의 속도를 내기 위해 나름 타협을 하고 밤마다 복습하며 하루 공부량을 채웠다. 매일 복습하는 것을 습관으로 만들기는 쉽지 않았다. 그래도 서로 싸우며 실랑이를 벌이다 타협점을 찾고 하나씩 양보하다 보니, 결국 우리에게 맞는 속도와 방법으로 공부하게 됐다.

어떤 사람은 이야기한다. 고학년 되면 어쩌려고 그러냐고, 중학교

엄마, 세상 밖으로 나가다

가면 손 놓게 생겼다며 지금이라도 학원에 보내거나 공부방에 보내라고 말이다. 미래를 생각하는 자세는 사람마다 서로 다르다. 어떤 사람은 큰일이라 생각할 수 있지만, 아이를 있는 그대로 봐주며 믿어준다는 게 좋은 학원을 알아보는 것보다 더 큰 노력과 내려놓음이 필요하다는 것은 모를 것이다.

이 길도 힘들다. 아주 많이. 쉽게 생각하는 게 아니라 신중히 생각하기에 가능하다는 것을 잊지 말았으면 좋겠다. 아이를 방임하는 것이 아니라는 것도.

저녁 8시. 오늘 해야 할 공부를 시작할 시간이다.

"도희야. 바짝 집중해서 풀면 30분 안에 끝나. 알았지? 딴짓하지 말고 집중해서 하자."

30분이 채 안 돼서 내가 내준 문제를 다 풀었다고 방에서 나온 아이는 채점을 하며 예전보다 많이 맞춘 자신을 뿌듯해하며 공책을 덮었다.

"도희는 좋겠다. 엄마가 딱 네 스타일대로 공부시켜줘서 말이지? 복 받은 줄 알아~"

"엄마! 내가 엄마 하나는 잘 골랐어!"

엄마를 자기가 골랐나? 내가 너를 고른 건진 모르겠지만, 엄마 잘 골라서 좋겠다.

이거면 됐다. 엄마가 좋다는데 뭘 더 불안해할까? 으쓱해진다. 가득 찬 자신감으로 현재에 충실해야겠다는 생각이 든다.

센스(sense)

명사.

1. 어떤 사물이나 현상에 대한 감각이나 판단력. '감각', '눈치', '분별', '분별력'으로 순화.

2. 무엇에 눈치가 빠르고 얼른 깨닫는 능력.

육아를 센스 있게 하려면 아이와 엄마에게 맞는 방법을 찾으면 된다.

시작이 어렵다면 육아서나 전문가의 조언을 토대로 시작하자. 그러다 보면 아이와 나에게 맞는 방법을 하나씩 찾을 것이다. 다른 사람 눈에는 그 방법이 틀렸더라도, 우리가 괜찮다면 그것이 바로 센스 있는 육아다. 감각을 곤두세우고 눈치껏 행동하는 엄마!

제 4 장

엄마의 가출은
무죄다

생각을 행동으로 옮겨야겠다. 실행력 하나는 최고인 내가 고맙다.
나는 아이들이 방학 때는 엄마라는 본업에 충실하고, 아이들이 개
학하면 가출한다.
아주 품위 있고 고급스러운 가출녀가 된다. 무거운 가죽 가방은
처박아 놓고, 왼손엔 책이 가득한 천 가방을 들고 어깨에는 노트
북을 맨 상태로 이리저리 돌아다니면서 자유가 주는 해방감을 만
끽한다. 그러다 시간이 되면 집으로 들어간다. 하반기가 되면 점심
먹을 시간도 없이 날마다 나가는 나다. 그런데 참 행복하다. 엄마
의 가출은 무죄다. 여러분도 신발을 신고 일단 나가 보자.

배우고
성장하는 힘

　　　　　　　저녁 준비를 하기 위해 냉장고에서 재료
를 꺼내는 와중에 전화벨이 울렸다. '사교육걱정없는세상' 영·유아
연구진 선생님의 전화였다.

"선생님. 안녕하세요? 저는 영·유아 정책연구원 ○○○입니다. 다름
이 아니라 혹시 EBS 학부모 패널로 출연 가능하실까 해서요. 저희
단체에서 주관하는 건 아니고요. 교육부에서 주관하는 건데, 단체로
학부모 추천을 부탁하셔서 먼저 연락 드렸어요."

"네? 제가요? 제가 패널로 나갈 자격이 될지 모르겠어요. 저야 나
갈 수 있으면 좋은 경험을 할 수 있어 좋죠."

"그럼 교육부 담당자분께 연락처 전해 드릴게요. 곧 모르는 번호로
전화 오면 잘 받아 주시고요."

그로부터 이틀 후에 교육부 유아교육 정책과 선생님과 통화를 하
게 됐다. 교육감이 바뀌고 난 후 학부모들의 영·유아 사교육비에 대
한 관심이 높아져 하반기에 토크 콘서트 형식으로 EBS와 함께 전국
의 대도시에서 총 4회의 '유아 사교육 학부모 토크 콘서트'를 개최할
예정이라고 했다. 그리고 2회차 대전에 학부모 패널로 나와 달라는

부탁을 하셨다.

또 나에게 새로운 경험의 기회가 왔다. 이젠 이런 새로운 경험을 즐기며 산다.

가슴이 벅차올라 신랑에게 전화를 걸었다.

"여보. 나 방송 출연할 것 같아. 10월에 학부모 패널로 토크 콘서트에 나와 달래. 그동안 등대장으로 있다 보니 좋은 기회를 주셨어."

집안에 경사가 났다. 담당자분은 내가 사교육 없이 아이들을 키우고 있는 경험을 편하게 이야기하면 된다고 하셨지만, 뭘 준비해야 할지 고민하기 시작했다. 앞으로 3달 후 있을 촬영을 준비하면서 삶에 활력이 붙기 시작했다.

10월 27일, 방송촬영 전 추석 연휴 때의 일이다.

시어머님이 천안으로 올라갈 준비를 하는데 같이 옷을 사러 가자고 하셨다. 본인 옷을 사야 하는데 내려온 김에 같이 가자며 나를 데리고 가셨다. 어머님 옷을 고르다 자연스럽게 내 옷을 골라보라며 자꾸 권유하시길래 "제가 사드리지도 못하는데 전 괜찮아요." 하며 거절했다.

"내가 사주고 싶어서 그래. 며느리가 방송 출연한다는데 괜찮은 옷 한 벌 없잖아. 시집와서 제대로 된 옷 사봤겠어? 내가 그렇게 해주고 싶으니까 방송 출연 분위기로 골라봐."

시어머님의 말에 눈물이 핑 돌았다. 옷을 고르면서 인정받고 사랑받는 나를 느낄 수 있었다. 감사했다.

그 옷값은 사실 어머님이 환갑이라 외가 쪽 식구들이 돈을 모아 드렸던 생신비였다. 그 돈으로 옷을 사주신 것이다. 그렇게 산 옷을 옷걸이에 걸어두고 며칠을 보내다 방송 날 두 아이를 데리고 대전으로 향했다. 체험 학습서를 신청하고 촬영장소로 가는 길에 큰아이는 친구들에게 꼭 보여줘야 한다며 MC의 사진과 사인을 받아달라고 나에게 신신당부했다. 시부모님을 만나 아이들을 맡기고 대기실로 향하는데 가슴이 두근거렸다. 미리 와 계신 조벽 교수님과 다른 패널 분들에게 인사하고 분위기를 살폈다. 아이들 이야기를 하다 보니 금세 편하게 이야기를 나눌 수 있었고 방송이 실시간으로 SNS에 송출된다는 사실에 긴장하며 무대 위로 올라갔다. 사교육을 걱정 없이 시키고 싶다는 엄마로 소개되고, 내 프로필 사진이 화면 가득 채워졌다. 인사를 하고 자리에 앉아 MC와 함께 주거나 받거니 담론을 하고 전문 교수님들이 해주시는 답변에 궁금한 게 있으면 망설임 없이 질문했다. 촬영 중이라는 생각을 잊은 채로 학부모로서 궁금한 것을 묻고 부모 입장에서 답변을 하다 보니 청중들의 반응이 좋았다. 박수가 터져 나올 때 내가 살아 있음을 느꼈다. 방청객 학부모님의 질문에 조벽 교수님이 대답해주셨다. 옆에 앉아 생각했다.

'아. 나도 교수님같이 대답하고 싶었는데, 나도 저런 대답할 수 있는데 말이야.'

학부모가 아닌 다른 사람으로 엄마들과 살아가야겠다는 새로운 삶의 목표가 그때 생겼다. 내 전공이 아니었지만 몇 년 동안 혼자 공부했던 내용을 교수님이 말씀하시는 걸 본 순간 나도 더 공부하고 준비해서 힘들어하는 엄마들에게 이야기해줄 거라는 다짐을 하게 된 것이다. 그렇게 2시간 동안의 토크 콘서트가 끝나고 대기실로 돌아오는데 교육부 정책과 담당자분과 EBS 담당자분들이 오늘 방송의 최고 공로자라며 칭찬해 주셔서 폐를 끼치진 않았다는 생각에 안도의 한숨을 쉬었다. 어머님이 사준 신 재킷을 벗지 못하고 흘린 땀을 닦았다. 작은아이는 2시간을 기다리지 못할 나이라 이리저리 왔다 갔다 하느라 바빴다. 큰아이를 불러 MC인 서경석 씨의 사인을 받아주고 기념사진을 찍었다. 미션 성공이다! 그러나 존경하던 조벽 교수님은 그사이 인사를 하고 가시는 바람에 내가 받고 싶었던 사인은 받지 못해 아쉬웠다. 집으로 돌아가는 길에 문자 메시지가 왔다.

"어머님. 너무 잘하셔서 오늘 콘서트의 최강 공로자로 다들 감사하다고 그러셔요. EBS에서 나중에 따로 다른 요청을 드릴 거예요. 가족들과 행복한 저녁 되세요."

음, 따로 다른 요청이 뭐지? 뿌듯한 하루의 끝자락에 궁금증이 폭발하며 연락을 기다렸더니 3회 차 광주에서 하는 콘서트에도 혹시와 줄 수 없냐는 출연요청 제의를 받게 되었다. 기회를 두 번이나 주신다고? 꿈이야, 생시야. 어쩌면 좋을까? 어쩌면 좋아. 그렇게 두 번 출연하게 되었고, 이를 통해 나는 새로운 꿈과 더 많이 배우고 성장해야겠다는 다짐을 하게 되었다. 나는 사람들에게 내 생각을 이야기했을 때 공감대가 형성되고 호응하는 모습을 보면 희열을 느꼈다.

신랑에게 전화를 걸었다.

"여보. 이제 더 공부하고 준비해서 강의하는 강사가 돼야겠어. 또 흥분된다. 내 인생!"

"근데, 방송 보니깐 마이크를 노래방 마이크 잡듯이 잡더라. 모니터링 해보니 그것만 좀 고치면 좋겠어! 그리고 뭐든 신중히 생각해서 천천히 하고."

어쩜 좋을까. 분위기 파악도 못 하는 우리 신랑. 당장 소통이 가능한 모임에 나가 나의 경험과 포부를 이야기해야겠다는 생각이 들었다. 그곳에 가면 함께 흥분하고 기뻐할 동지들이 있으니 말이다.

예전에 무엇인가 결과물은 없고 혼자 공부한다고 돌아다닐 때는 '집은 뒤로 한 채 내가 좋다는 이유로 하는 게 아닌가?'라는 생각을 했다. 어디 아르바이트라도 해서 용돈이나 벌어야 하지 않는지 늘 고민했고 구직 사이트를 구경하다 다시 책을 펴고 글을 쓰며 언젠가는 꼭 하고 싶은 일을 할 거라 다짐했다. 인건비라도 받으면서 일하고 있겠지. 그 보이지 않는 미래를 빨리 만나고 싶어 이미지 트레이닝을 하면서 묵묵히 내 길을 걸어왔다. 하나씩 인정받으며 내가 할 수 있는 일을 외면하지 않은 채 잡고 일어서다 보니 그곳에 내가 있었다.

외롭고 막막한 엄마의 성장 시간, 그 시간의 힘은 배신하지 않을 것이다.

엄마들이여, 달려들 때가 되었다.

『린인(Lean In)』의 저자이자 Facebook의 최고 운영경영자인 셰릴 샌드버그(Sheryl Sandberg, 1969년~)는 여성이 직면한 숱한 장애물의 뿌리에는 두려움이 도사리고 있고 실패할지 모른다는 무서움, 비판의 대상이 되리라는 걱정, 나쁜 엄마 혹은 나쁜 아내가 될지 모른다는 불안함이 모든 여성의 가슴속에 자리 잡고 있다고 말했다. 그리고 두려움을 이겨 내려면 '성공하려는 의지를 가져라'라고 했다.

엄마, 세상 밖으로 나가다

성공할 의지를 갖기 위해선 엄마로서가 아닌, 하나의 인격체로서 배우고 성장해야 한다.

공부는 결혼으로 끝나는 것이 아니라 죽을 때까지 하는 것이다.

모든 것은
마음먹기에 달려 있다

아이가 유치원을 다니면서 소풍 가는 날이 많아졌다.

아이의 소풍 전날, 알람을 6시에 맞춰놓고 잤다. 긴장한 탓인지 5시가 조금 넘어 눈이 떠졌다. 아직 1시간을 더 잘 수 있다. 다시 눈을 감고 뒤척이며 잠을 청했다. 알람이 울린 게 맞나? 시계를 보니 6시 30분이었다.

머리를 질끈 묶고, 김밥 준비를 시작했다. 계란 지단을 만들고 햄, 게맛살, 어묵, 시금치를 손질하며 김밥 재료들을 준비해 놓았다. 금방 된 따뜻한 하얀 밥에 참기름, 식초, 소금을 넣고 비벼 놓았다. 김을 한 장씩 꺼내 김밥 옆구리가 터지지 않도록 조심스럽게 돌돌 말았다. 요즘 엄마들은 아이들 소풍 때가 되면 문어 모양의 소시지며 미니언즈 주먹밥을 도시락통에 넣어 보낸다. 손재주가 없는 나는 김밥 옆구리가 터지지 않고 땡땡하게 김밥 속이 싸지면 그날의 도시락 싸기는 반쯤 성공하는 것이다. 김밥을 잘라 도시락통에 담고 가방에 흔들리지 않게 넣었다. 설거지를 하다 보니 찬희가 깼다.

"오늘 아침은 김밥이야. 하나 먹어봐. 어때? 맛있지?"

"엄마. 계란이 너무 커서 맛이 이상해!"

터질 것 같은 볼 사이 입술로 삐져나온 밥알을 보니 피곤해졌다. 한 시간이나 일찍 일어나 김밥을 싼 나의 수고는 계란에 지고 말았다. 아이를 유치원 버스에 태워 보내며 소풍 잘 갔다 오라고 손짓했다. 눈꺼풀이 무거웠다. 눈이 튀어나올 것 같고 나른했다. 그래도 엄마 입장에서는 오늘이 참 좋았다. 아이들이 소풍 가는 날은 하원이 5시다. 2시간의 자유시간이 더 늘어났기 때문에 참 좋은 날이었다.

아이들이 겨울방학 때의 일이다. 9시가 넘었는데 아이들이 아직 자고 있다. 신랑은 흔적도 없이 출근한 모양이었다.

커튼 사이로 살짝 아침 햇살이 비쳤다. 화장실에 가고 싶지만, 꾹 참고 누워있었다. 내가 일어나면 아이들이 깰까 봐 조심스러웠다. 똑같은 하루의 시작을 하기 싫은 날이었다.

여름 방학은 기간이 짧아 시간이 금방 지나간다. 하지만 겨울 방학은 봄방학까지 2달의 시간 동안 아이들의 추위 때문에 나가지도 못하고 집에서 뒹굴뒹굴하며 지지고 볶는다.

오전 10시가 다 되어 갈 때쯤 아이들이 한 명씩 일어나기 시작했다.

"엄마. TV 봐도 돼요?"

"응. 1시간만 서로 보고 싶은 거 하나씩 보고 엄마 깨워줘. 배고프면 식탁에 바나나 먹고."

일어나기 싫었다. 지겹도록 반복되는 일상을 시작하기 싫었다. 허리가 끊어질 때까지 누워 있다가 휴대폰을 만지작거리며 잠에서 깼다. 거실로 나오니 배가 고프다고 아이들이 난리였다. 현재 시각 11시

20분.

"좋았어. 오늘도 아점 성공이다. 하루 2끼만 먹으면 된다."

늦은 아침과 이른 점심을 겸해 계란볶음밥을 해서 아이들을 먹였다. 너무 많이 자서 그런가? 컨디션이 별로였다. 몸이 무기력하다. 커피 믹스 한잔을 타서 마시고 기운을 차렸다. 치과 검진을 받고 마트를 다녀오고 나니 오후 5시였다. 이른 저녁을 먹고 8시 반에 잠자리에 들었다. 아이들을 재우다 나도 모르게 같이 자버렸다.

아까운 내 시간. 혼자만의 시간을 가지지 못한 채 또 다음날의 해가 떴다. 전날 아이들과 함께 잠든 날은 더욱더 우울하다. 방학이 빨리 끝났으면 좋겠다. 오늘은 또 어딜 가야 하나? 눈이 온다는데, 집에서 영화나 한 편 보여주고 피자 한 판 시켜 아점을 해결해야겠다는 생각이 든다.

앞서 이야기한 날들은 세상 밖으로 나가기 전의 내 모습이었다.

하루가 너무 길게 느껴져 빨리 잠들고 싶었던 날들, 시간을 무의미하게 보내며 아이들이 얼른 커서 독립하길 바랐던 엄마. 그때는 아이들에게 돈만 주면 친구들과 놀며 점심까지 해결하고 저녁때가 돼서야 집으로 들어온다는 선배 엄마들의 이야기가 마냥 부러웠다. 나는 언제 아이들을 그렇게 키울까? 애들은 언제 크는 걸까? 신세 한탄만 했다.

새벽 5시. 5시 30분으로 알람을 맞춰 놓았다. 혹시나 듣지 못할까 봐 잠자기 전에 휴대폰 충전율을 100%로 해놓고 머리맡에 두고 잠이

엄마, 세상 밖으로 나가다

들었다. 오늘은 5시에 일어나기 성공이었다. 안방 문을 꼭 닫고 식탁 등을 켠 후 세수를 하고 나왔다. 우엉차를 한잔 끓여 나의 서재인 식탁에 앉아 노트북을 켰다. 어제 친정을 나녀오느라 감사 일기를 쓰지 못했다. 전날 감사한 일들에 대해 나만의 SNS에 써 내려 갔다.

부모님과 맛있는 저녁을 먹을 수 있음에 감사하고, 장거리 운전을 해준 신랑에게 고마워하며, 큰 사고 없이 집에 도착했음에 감사했다. 그냥 스쳐 지나갈 사소한 일들에 대해 감사함의 의미를 부여하다 보니 일기가 길어졌다.

앞으로 이루고 싶은 일과, 되길 바라는 것들을 마지막에 쓰고 저장했다.

읽고 싶은 책이 쌓여 가고 있다. 사고 싶은 책도 늘어나지만 일단 참았다. 오늘은 4권을 나눠 읽어 봐야겠다고 결심했다. 책의 내용을 노트에 쓰고 그 밑에 파란 볼펜으로 내 생각을 적었다.

책을 읽다가 지루해질 때쯤에는 빠른 속도로 읽을 수 있는 책과 천천히 문장을 되뇌며 내용을 곱씹어야 할 책을 번갈아 가며 읽었다. 책을 읽다 좋은 글감이 떠오르면 글을 썼다. 글까지 쓰다 보면 아침 해가 떠오르기 시작한다. 시계를 보니 7시 10분이었다. 일찍 일어났더니 배가 고파왔다.

강아지 똥을 치우고 밥을 주며 아이들을 깨울 준비를 시작했다. 식탁에 펼쳐진 책과 노트북을 정리하고 행주에 물을 묻힌 후 물기를 꼭 짜서 상 차릴 준비를 했다. 신랑을 깨우고 아이들을 깨웠다.

"여보~! 애들아~! 일어나, 아침이야. 얼른 잠 깨자~"

가스 불을 켜고 국을 데웠다. 신랑은 화장실로 들어가고 아이들은 다시 잠이 든 모양이었다.

커튼을 걷으며 이불을 들치니 꼼지락거리는 아이들, 큰아이는 화장실을 갔다 와 옷을 입기 시작했다. 작은아이는 아직 잠이 덜 깬 채로 식탁에 앉아 잠을 깼다. 국을 몇 번을 데웠는지, 국이 찌개가 될 지경이었다. 네 식구가 모여 아침 식사를 했다. 신랑이 나에게 물었다.

"여보 밥은 왜 이리 많아? 배 많이 고프구나? 많이 먹어." 그가 웃는다.

나도 부정하지 못했다.

"자기도 아침 일찍 일어나 봐. 배가 얼마나 고픈가, 입맛이 돌아."

나는 언제부터인가 새벽형 인간으로 살아간다. 방학 때도 일찍 하루를 시작하다 보니 모두가 잠든 시간에 나만의 조용한 시간을 가질 수 있었고, 아이들이 일어나기 전에 에너지 충전을 해 놓은 상태라 긍정의 자세로 육아를 할 수 있게 되었다. 예전에는 일하러 가는 신랑에게 몇 년 동안 아침밥을 챙겨 주지 못했다. 내가 일어나기 힘들다는 이유로 아이들이 일어나 밥 먹을 시간에 밥을 차려 먹느라 신랑은 굶주린 배로 출근했다. 그러나 이제는 일찍 일어나다 보니 모든 식구가 함께 밥을 먹을 수 있게 되고, 가정의 화목함은 아침부터 시작되었다.

"오늘 하루 잘 보내고, 이따가 만나자~" 인사로 서로의 하루를 응원한다.

세상 밖으로 나온 후의 나와 가족의 삶은 잠이 깨는 아침의 순간부터 달라졌다.

　　　　　　　　　　　엄마, 세상 밖으로 나가다

예전에는 김밥을 싸야 한다는 의무감에도 일어나기 힘들었던 내가 지금은 알람 소리에 벌떡 일어날 수 있는 강한 정신력이 생겼다. 깨달음을 얻고 실천에 옮기다 보면 내 것이 된다. 모든 것은 마음먹기에 달려 있다.

"읽을 책이 4권이나 있다."를 "읽을 책이 4권밖에 안 된다."고 바꿔 말해 보자. 똑같은 말 같지만 가지고 있는 뜻과 힘은 전혀 다르다. 상황을 바꾸는 것이 아니라 내가 바뀌는 것이다. 내가 변화함으로써 세상이 바뀌는 것이다. 똑같은 삶이 반복되고 아무런 목적과 의미가 없어도 그것을 받아들이는 자세의 변화를 통해 우리가 살아가면서 온전한 삶을 긍정적으로 살아갈 수 있는 힘이 생긴다.

> "인간의 정신은 제각기 고유한 자신만의 거처를 가지고 있으며, 그 속에서 지옥을 천국으로 또 천국을 지옥으로 바꿀 수 있다."
> — 존 밀턴(John Milton, 1608~1674년), 『실낙원』 中

우리의 마음은 어디에 있을까? 심장? 뇌?

뇌 과학자들은 마음이 뇌에 있다고 한다. 인간의 기쁨과 고통, 불행은 마음속에 간직되어 있어 우리는 그것을 뇌를 통해 느낀다고 한다. 그렇기 때문에 모든 것은 마음먹기에 달려 있다. 하지만 마음먹기가 쉽지 않을 것이다. 우리는 생각과 감정을 조절하는 데 익숙하지 않기 때문이다. 조절하다 보면 더 깊은 불구덩이로 빠진다.

그러나 명심하자. 천국과 지옥 같은 생각들이 있을 뿐, 생각은 내가 아니다.

버리고 도망가지 않아서
고마웠어, 엄마

2017년 7월 31일. 갑작스러운 복통으로 내과에 갔다가 고열이 나는 바람에 응급실에 갔다.

여름휴가를 맞아 친정 부모님과 함께 금강이 흐르는 휴양림에서 캠핑을 하기로 했다. 국립 휴양지라 주차장에 주차하고 수레에 짐을 싣고 예약한 장소에 짐을 옮겨 놓아야 했다.

길게 자란 잡초가 발목을 스쳤다. 바이러스 감염으로 아이들은 발목과 손에 고름이 차 일체 물놀이 금지 명령을 받고 온 터라 물에 들어가지도 못했다. 한여름 무더위에 텐트를 치고 땀을 흘리며 밥을 먹고 무료한 시간을 보냈다. 모두 예민하다. 툭 건드리면 폭발할 것 같아 조심스럽게 말을 건네며 애써 괜찮은 척했다. 엄마가 족발과 생선구이를 싸 가지고 오셔서 소주와 맥주로 점심의 허기를 달랬다. 신랑이 화장실을 간 사이에 아빠가 나에게 말을 건넸다.

"딸아. 신랑은 회사에서 서서히 높은 자리에 올라가고 있는데 너도 그에 맞게 몸 관리해야 하지 않겠니? 나중에 부부동반으로 모임에 나갈 때 도희 아빠한테 누가 되면 안 될 것 아니야."

갑자기 피가 거꾸로 쏠렸다. 애써 괜찮은 척하며 대답했다.

"알겠어요. 8월에 운동 다니려고요." 아빠는 하나만 더 이야기하겠다며 평소에 나에게 하고 싶었던 이야기를 하셨고 서운함에 눈물이 핑 돌았다.

'왜 우리 부모님은 날 있는 그대로 사랑하지 않으실까? 내가 창피한가?' 날 걱정해서라기보다 마음에 안 드는 부분을 콕 집어 이야기하는 것 같아 받아들이기 힘들었다. 여행을 즐길 수 없었다. 샤워를 하고 삼겹살을 구워 먹었다. 전기도 들어오지 않는 캠핑장은 불쾌지수를 더 높였다. 지금 생각해도 다신 전기가 들어오지 않는 그 캠핑장에는 가고 싶지 않다. 온몸이 땀에 젖은 채로 텐트 안으로 들어갔다. 찜질방이 따로 없었다. 아이들은 잠을 청하지 못하고 짜증을 내다 이불도 덮지 않은 채로 잠이 들었다.

아침에 일어나 보니 태풍의 영향으로 비가 내리기 시작했다. 철수를 하고 집으로 가야 할지, 비가 그치길 기다려야 할지 고민하다 결국 비를 맞으며 수레에 짐을 싣고 캠핑장을 나섰다. 오후 2시가 다 되어서야 겨우 첫 끼를 먹고 친정 부모님은 마산으로 내려가시고 우린 시댁으로 향했다. 아이들은 TV를 보고 신랑은 잠을 청한다고 방으로 들어갔다. 나도 조금 쉬고 싶어 신랑 옆에 눕는데 갑자기 배가 아파오기 시작했다. 화장실에 가고 싶은 건가 싶어 변기에 앉아 봐도 평소와 다른 복통인 것 같아 서둘러 가까운 내과로 향했다.

허리가 펴지지 않았다. 신호등의 신호가 바뀌길 기다리는데 그 시간이 너무 길게 느껴졌다. 소변 검사를 하니 염증 수치가 상당히 높다며 의사는 나에게 침대에 누워보라고 했다. 배는 누를 때 보다 손을 뗄 때가 더 아팠다. 이런 경우는 급성 복막염일 수도 있으니 일단 진통제를 먹고 열이 나거나 더 아프면 응급실에 가라는 처방을 받았다. 소견서를 써주셨다. 진통제를 먹고 잠깐 자고 일어났더니 열이 났다. 놀란 마음에 응급실로 향했다. 갖가지 검사를 하고 기다렸다. 배를 둘러싼 막에 염증이 있다고 한다. 통원치료로 하며 염증을 치료했다. 그때부터 계속 기력이 없고 잔병치레를 하기 시작했다. 제대로 된 생활을 못 하는 것에 나 스스로가 괴로웠다. 엄마는 휴가를 내지 못하신다며 홍삼과 면역력에 좋다는 여러 가지를 택배로 부치셨다. 설거지를 하고 있는데 엄마에게 전화가 걸려 왔다.

"딸, 괜찮나? 어떻노? 아직도 피곤하고 힘드나? 엄마가 휴가 내고 애들 봐주러 올라갈까?"

"아니, 괜찮아. 홍삼 먹고 하니깐 좋아지는 것 같아." 그러나 사실 좋아지기는커녕 계속 이유 없이 아프고 피곤함에 힘들어했던 난 애써 괜찮은 척하다 결국 감정에 복받쳐 울기 시작했다.

"엄마, 나 힘들어. 안 힘들게 살고 싶은데 눈 뜨면 피곤하고 살고 싶지 않아. 나 잘 지내고 싶은데 몸이 따라 주지 않아 죽겠어." 엄마도 우셨다. 모녀는 전화기 너머로 서로의 울음소리를 들으며 아무런 대답이 없었다. 어릴 때부터 나 힘들다고, 엄마 내 마음 좀 알아달라고 이야기하지 못했던 내가 이제야 엄마에게 있는 그대로의 나를 이야기할 수 있게 된 것이다.

"우리 딸, 울지 마라. 마음 단단히 먹어라. 좋게 생각해야 병도 안 생기고 낫는기다. 마음을 약하게 먹으면 안 낫는다. 알긋나? 엄마는 니가 제일 소중하다. 도희, 찬희도 소중하지만 그전에 내 딸이 먼저다. 니 없으면 애들도 다 소용없는 기다. 니 아프면 엄마 마음 찢어진다. 살 뺀다고 굶지 말고 잘 챙겨 먹어야 한다이. 힘들면 힘들다고 엄마한테 다 이야기해라. 혹시나 어디 큰 병 있는데 숨기는 거 아니제?

엄마는 니 없음 못 산다이. 돈 걱정하지 말고 내일 병원 가서 종합검진 받아라. 피도 뽑고 해봐. 뭐라도 안 나오겠나? 정상이라고 하면 마음을 바꿔 먹으면 되니깐. 돈은 엄마가 마산 내려오면 줄게. 돈 아낀다고 병원 안 가지 말고, 약속하자. 그리고 내일부터 하루에 2번씩 서로 전화하는 걸로. 니 전화 안 오면 뭔 일 있나 싶어서 잠도 안 오니깐 꼭 전화하는 기다."

전화를 끊고 큰 숨을 내쉬었다. 37살 인생의 기억 속에서 오늘같이 엄마와 감정 교류를 한 날이 없는 것 같았다. 몸이 아프기 전에 신랑이 회사 생활하면서 힘들어하는 것을 보고 나 혼자 마음고생을 하다가 캠핑장에서 아빠가 건넨 이야기로 내 마음의 병이 몸으로 터져 나온 것 같았다. 다음날 엄마의 위로로 다시 마음을 굳게 먹고 피 검사를 하러 내과에 갔다. 선생님에게 피로 할 수 있는 검사는 다 해 달라며 부탁하고 다음 날 결과를 보러 병원에 다시 갔다.

"당뇨나 갑상선 기능도 다 정상이에요. 그런데 빈혈이랑 혈소판 수치가 비정상이네요. 빈혈이 비정상이라 혈소판도 정상 수치보다 높게 나온 것 같아요. 수치 13이 정상인데 8밖에 안 되니깐 일상생활이 힘들었을 거예요. 어지러움이 만성 피로처럼 나타나고 몸이 붓고 쇠약해지며 활동성이 떨어지게 되니 아프다고 느끼는 겁니다. 철분제를 3개월 정도 먹어야 합니다. 그럼 정상으로 돌아올 거니 걱정하지 말고 약 잘 챙겨 드세요."

엄마에게 전화를 걸었다. 빈혈이라고, 약 먹으면 괜찮다고. 엄마 말대로 피 검사 다시 하길 잘했다며 고마움을 전했다. 결혼 후 작은아이를 임신했을 때 했던 피 검사가 나의 마지막 검사였다. 직장에 다니지 않으니 기초적인 검진도 안 하고 살았던 것이다. 엄마라는 직업은 무직인가? 주부가 선택해서 하는 직업이었다면 회사원처럼 정기적으로 피 검사를 의무적으로 해야 할 것이다. 그렇게 3개월 동안 약을 꾸준히 먹으니 몸과 마음이 정상으로 돌아왔다. 엄마는 그제야 잠을 푹 자겠다며 앞으로 감사하며 살자고 말씀하셨다. 이 일을 계기로 난 일부러 더 신경을 쓰며 하루에 한 통이라도 엄마에게 전화를 걸려고 한다. 엄마와 난 둘 다 마음 편히 이야기할 사람이 없었다. 이제라도 제일 가까운 서로에게 숨김없이 속마음을 이야기하고 싶다.

친정에 내려간 날 고등학교 친구 윤주를 만났다. 요즘 책을 쓴다며 엄마에 대한 상처를 쓰다 보니 옛 생각이 떠오른다고 했다. 이런 이야기를 책에 쓰는 게 맞나 걱정이 된다고 말했다. 친구는 내 말을 듣더니 자기는 어릴 적 무서운 아빠에 대한 트라우마로 지금도 힘들다고 고백했다. 그러면서 엄마가 친구와 친구 동생을 버리고 가지 않고 끝까지 먹이고 키워줘서 고마웠다고, 엄마한테 상처받았던 것을 버리지 않았음의 감사함으로 바꿔 보니 엄마의 삶이 이해가 된다고 말했다.

"넌, 아빠에게 상처가 있으니 나은 거야. 난 엄마한테 상처가 있다 보니 애 키우는 엄마로서 더 힘들어."

내 생각을 바꿀 수 있는데 그러지 않고 엄마의 잘못으로만 돌리고 있었다. 친구가 그걸 콕 집어 말하니 회피하고 싶은 마음이었다. 친정집으로 돌아와 엄마의 모습을 봤다. 곱디고왔던 엄마는 환갑의 나이가 되어 우리의 저녁밥을 준비하고 계셨다. '친정에 가면 엄마가 당연히 밥해줘야 하는 거 아니야?'라고 생각했던 내가 부끄러웠다. 엄마는 예전이나 지금이나 저 모습으로 나를 위해 밥을 차리셨을 텐데, 왜 안 좋았던 기억만 가지고 엄마를 미워했는지. 집으로 돌아와 이 글을 쓰기 전에 엄마에게 문자를 보냈다.

"엄마, 자요? 갑자기 글 쓰다가 생각난 건데, 엄마 옛날에 먹고 살기 힘들고 아빠 때문에 힘들 때 나 안 버리고 간 거 고맙다고 말하고 싶어요. 잘 먹여줘서 감사해요. 엄마가 회사만 다니면서 바쁘게 살아 싫었는데 그게 엄마가 살 수 있었던 방법인 걸 알게 되니 이해가 됐어요. 앞으로도 힘든 일 있으면 꼭 이야기하고 아프지 말고 지내요." 엄마에게 전화가 왔다. 부끄러워서 받을까 말까 고민하다 받았다. 애써 괜찮은 척 "엄마~." 라고 불렀다. '울지 말자. 울면 이상해져. 우는 거 아니야.'라고 주문을 걸었다. 눈물 많은 내가 꾹 참았다.

"니 갑자기 와그라노? 무슨 글을 쓰기에 그런 문자를 보내노? 책 어떤 거 쓰는데? 이상한 거 아니가? 어디 가는 아처럼 그러니깐 걱정된다. 뭔 일 없제? 늦게까지 글 쓰다 쓰러진다. 그만하고 자라."

"엄마. 내가 이 말은 꼭 하고 싶어서 한 거야. 별일 없다. 앞으로 더 잘 지내자."

"어디 떠나는 사람처럼 그런 말 하니깐 서글퍼진다. 엄마 괜찮으니깐 니도 좋은 생각만 하고 지내야 한다!" 내 걱정부터 하는 엄마!

엄마가 내 책을 보면 어떨까? 치부로 생각하면 어쩌지?

그랬다. 책을 쓰면서 엄마에 대한 내 생각이 어쩜 거짓에서 부풀려진 것일 수 있다는 것을 알게 됐다. 오직 내가 보고 싶고 기억하고 싶었던 부분만 기억했고, 그 기억이 조금씩 부풀려져 거짓 기억과 합쳐

졌다. 없던 일도 있던 일이 되는 것처럼 엄마를 나쁜 엄마, 날 사랑하지 않는 엄마로 만들어 놓고 미워했었다는 것을 글을 쓰며 알게 된 것이다. 제삼자의 입장에서 내가 생각하는 엄마의 이미지를 보고 있자니 분명히 무엇인가 잘못 만들어 놓고 보고 있다는 생각이 들어 미안함에 하염없이 눈물을 흘렸다. 이런 거짓을 합리화시켜 기억 속에 저장해 두는 것을 '거짓 기억 증후군'이라고 한다.

결혼하고 엄마의 사랑을 느낄 때, 내 자식들을 사랑해 줄 때, 내가 기억하는 과거와 현재가 어긋날 때마다 나는 내 기억을 합리화시키기 위해 또 다른 거짓 기억을 만들었다. 그러다 자존감이 상승하고 글을 쓰는 삶을 살게 되면서, 내 거짓의 기억들을 이제야 제대로 맞춰 놓기 시작했다. 그래서 나와 같이 친정 부모님에게 사랑받지 못했다 생각하는 엄마들을 위해서 용기를 냈다.

"엄마! 나 이제야 다 용서가 되고 이해가 됐어. 혼자 오해하고 미워하다 이렇게 글로 쓰니 내적 치유가 제대로 됐나 봐. 엄마, 나 잘 키워 줘서 고마워. 엄마, 힘들 때 나 두고 가지 않아 진짜 고마워. 사랑해."

엄마, 세상 밖으로 나가다

'나'를 찾는
시간들

　　나는 시간이 날 때마다 모임에 나가며 책을 읽고 소통하는 시간을 보낸다. 아침 9시에 두 아이가 학교와 유치원에 가면 모임에 참석한 후 점심을 먹고 운동을 간다. 여유롭지 않고 타이트하게 시간 관리를 하며 나를 위한 시간을 보냈다. 그런 생활을 몇 년 하다 보니 내면의 성장을 떠나 증명할 수 있는 무엇인가의 결과물에 초점을 맞추는 시절이 있었다. 오늘은 모임도 없고 운동도 하루 쉬며 일상의 나른함과 여유로움을 느끼고 싶은 수요일이었다. 아이들을 보낸 후 청소기를 돌리고 책장에 먼지를 털어 냈다. 정리 정돈을 한 후 소파에 앉아 TV 리모컨을 들고 유일하게 보는 예능 프로그램을 다시 보기로 재생시켰다. 커피 한 잔과 늘어진 몸, 오랜만에 TV를 보며 집순이가 되어 있으니 참 좋았다.

　　라면을 뚝배기에 끓여 밥까지 말아 먹고 나니 1시였다. 책을 펴고 앉았는데 휴대폰에 손이 갔다. 방과 후 지도사, 청소년 심리상담사를 검색했다. 아이들이 커가며 경제적인 여유를 위해 일하러 나가야 할 것 같은 생각이 자주 들었다. 내 전공을 살려 할 수 있는 일이 많지 않았다. 사이버 대학에서 학점이라도 따 놓거나 국비 지원이 되는 취업 관련 수업을 들어야 할 것 같아 읽으려는 책을 덮었다. 하고 싶은 일보다 빨리 취업할 수 있는 일을 위주로 알아보았다. 뭐가 있지? 취업률은 나중에 생각하더라도, 엄마로서 할 수 있는 취업 준비는 사이버 대학에서 쉽게 할 수 있었다.

'사회복지사도 괜찮은데, 하나씩 따놓으면 급하게 일자리를 구할 때 조금 더 낫지 않을까?' 조건과 금액을 수첩에 적으며 제일 마음에 드는 사이트의 상담신청 버튼을 눌렀다. 얼마 지나지 않아 전화가 왔다. 내 학력으로는 상담 쪽과 유아교육 쪽은 전공과목이 아니라 자격증을 따고 싶어도 복잡하고 어렵다는 설명을 들었다. 그래서 방과후 수업 쪽으로 일단 상담하고 입금을 하면 바로 수업이 진행된다는 안내를 받고 상담을 끝냈다. 그날 밤까지 수업을 시작해야 하나 말아야 하나 고민을 했다. '영 안 내키는데 해야 해? 만날 배우고 성장만 하고 있으면 어쩌나? 무엇인가 일을 하지 않고는 이 성장의 시간도 불안해지기 시작하는데, 가정을 위해서 자격증이라도 따 놔야겠어.' 내일 오전에 결제해야겠다고 결론을 내리고 잠이 들었다. 자고 일어나 스터디 모임에 나가기 전이되니 어제의 나의 고민은 또다시 제자리로 돌아왔다. 없던 일이 되고 잠시 미루어 놓았다. 모임이 끝나고 휴대폰을 보니, 여러 군데 상담신청을 해놓은 상태라 부재중 전화가 많이도 찍혀있었다.

신랑은 그런 나의 모습이 영 마음에 안 드는 것 같았다. 신랑은 일단 해보고 하나씩 결과를 내는 것을 선호하는 반면, 말로 시작하고 말로 끝내는 것을 못마땅해한다. 나는 신랑 앞에서 당당하지 못한 얼굴로 말을 얼버무렸다.

엄마, 세상 밖으로 나가다

"기다려 봐. 내가 40살 전에는 뭐라도 하고 있을게."

"이제 몇 년 안 남았어. 돈도 돈이지만 자기 삶을 위해서 자꾸 늦추지 마!"

항상 바른말만 하는 신랑님. 그렇지만 저럴 땐 밉다. 그래서 구차한 변명은 그만하고 행동으로 보여주리라고 다짐했다.

그러던 와중에 어느 날 부모자녀 대화법을 수료했던 천안 KACE 관련 SNS에 공지글이 올라와 있는 것을 보게 됐다.

"너와 내가 통하는 마음 통통 놀이! 마음이 통통하게 살찌는 마음 통통 인성 놀이! 내 마음도, 네 마음도 치유되는 마음 통통 치유 놀이!"

'엄마는 마음 통통 놀이 전문가'라는 문구가 눈에 들어왔다. FT(facilitator), 즉 마음이 통할 수 있도록 돕는 촉진자, 조력자의 역할이 FT의 지향점이라는 말에 눈이 번쩍 떠졌다.

'경력단절 여성의 맞춤형 강좌로 육아의 경험이 최고의 능력으로 존중되는 강좌' 딱 내 스타일의 조건이었다. 드디어 찾았다. 사이버 대학에서 수강하지 않았던 것이 이 강좌를 만나기 위해서인가라는 생각이 들었다. 특히 여성가족부에서 교육비도 지원해주는 상황이라, 저렴한 수업료에 배울 수 있는 기회를 놓치고 싶지 않았다. 고민할 것도 없이 바로 신청 댓글을 남겼고 그렇게 3개월의 수업을 하고 아동 지역 센터에서 4회의 실습을 했다. 단 한 번의 결석 없이 들었던 수업이었다. 전래 놀이와 미덕의 언어 '버츄'를 가지고 아이들의 인성을 키워주고 놀이로 치유해 주는 방법을 교육해주는 수업이었다. 그 수업을 난 참 즐기며 배웠다.

요즘은 공기놀이도 수업시간에 배운다. 고무줄놀이로 하루종일 놀던 나의 어린 시절과 너무나 다르다. 큰아이의 생일날 공원에서 처음 한 놀이 프로그램 진행과 등대모임에서 가끔 놀이프로그램을 이끌어 봤던 작은 경험들이 FT로 갈 수 있다는 자신감을 주었고 확신을 주었다. 예전과 달리 전래 놀이는 사라지고 은둔형 외톨이처럼 컴퓨터와 휴대폰으로 놀고 편의점에서 컵라면을 사 먹으며 저급형 소비를 하는 아이들을 위해 나서야겠다는 새로운 꿈이 하나 더 생긴 것이다. 나는 지금도 동대문 놀이를 하며 협동의 미덕을 배우고 즐거운 시간을 가지는 아이들의 웃는 모습을 잊을 수 없다. 마음 통통 놀이는 정말 마음이 통통해지게 만들어 주는 수업이었다. 수업받는 아이들도, 수업하는 나도 모두가 행복해지는 참 좋은 수업을 할 자격이 생겼음에 감사했다. 수업 후 집으로 돌아갈 때면 집에 먼저 와 엄마를 기다리는 아이들이 빨리 보고 싶어졌다. 얼른 가서 안아줘야지. 내 아이들에 대한 사랑이 더 생기는 것은 왜일까? 아마도 긍정의 언어와 언어의 힘으로 즐거운 놀이를 했기 때문일 것이다.

수업을 준비하다 보니 미덕 언어에 대해 더 많이 접하게 되고 알게 되었다. 권영애 선생님이 학교에서 아이들과 함께 미덕으로 인성교육을 하는 사례들과 감동을 간접적으로 경험한 상태라 나 자신이 먼저 미덕의 힘을 깨닫고 미덕과 함께 사는 삶을 살아가야겠다 다짐했다.

새벽에 일어나 버츄 카드를 한 장 뽑았다. 오늘의 미덕은 '기지'이다.

엄마, 세상 밖으로 나가다

"기지는 진실을 말하되 상대방의 심정을 고려하여 그것을 친절하고 부드럽게 표현하는 능력입니다. 기지를 발휘하면 사람들은 당신이 하고자 하는 말에 귀를 더 잘 기울이게 됩니다. 말하기 전에 한 번 더 생각해 보세요. 기지는 다리를 놓아 줍니다."

기지, 오늘 나에게 필요한 미덕이다. 놀라웠다. 마음 통통 놀이 수업 가기 전에 나에게 힘을 주는 기지의 미덕! 놀이를 하다 먹을 것을 먹는 아이, 욕을 하며 노는 아이, 갑자기 드러눕는 아이, 토라진 아이들의 말과 행동에 FT로서 아이들의 마음을 헤아려 주고 친절하고 부드럽게 다시 놀이에 참여하게끔 하기 위해 발휘해야 하는 미덕이 바로 기지의 미덕이었기 때문이다. 이 미덕의 카드를 뽑음으로써 어떤 일에 대한 마음가짐이 달라지고 그것의 변화를 매번 느낄 수 있었다. 나의 내면의 힘을 알아차리고 깨울 수 있었다. 가슴으로 느끼는 것을 행동으로 보여 줄 수 있었고, 내 삶과 만나 이야기 나눌 수 있어 좋았다. 이렇듯 나는 새벽에 일어나 나에게 마법의 주문을 걸고 나를 찾는 시간을 가지며 나의 목표와 삶의 방향에 조금씩 빗나가더라도 다시 제 길을 가고 있다.

요즘 나는 모임과 혼자만의 시간을 적절히 조절하며 일주일의 스케줄을 짠다. 별일이 없는 날에는 집안일을 해놓고 운동을 다녀온 후 점심을 간단히 먹고 집 옆 커피숍으로 간다. 그리고 작은아이가 돌아오는 시간까지 나만의 시간을 가지며 하루를 알차게 보낸다. 나에게 쓰는 하루의 사치, 3,800원. 이 커피 한 잔의 값만 있다면 하루를 알차게 보낼 수 있다.

나를 찾기 위해서 시작한 여러 가지의 시행착오를 통해 이제 나에게 잘 맞는 법을 하나씩 알게 되고 실천하며 산다.

"일 분 전만큼 먼 시간은 없다."
— 짐 비숍(Jim Bishop)

내가 참 좋아하는 말이다. 시간의 중요성을 담고 있다. 아무것도 하지 않고 쉬는 시간 또한 시간이기 때문에 역시 소중하다. 하지만 1분이 10분이 되고 하루가 되면 그 시간이 조금씩 무의미해진다. 엄마로서 육아의 삶 속에서 생기는 자유의 시간을 보낼 때 어디에 초점을 맞추고 시간을 보내야 할지 잘 생각해보면 좋겠다. 내 삶을 위한 시간과 휴식의 시간, 가족과의 시간 등 나와 타인과의 시간까지 적절히 조절하며 금방 지치지 않는 방법으로 엄마라는 삶 속에서 나를 느끼며 살아갈 수 방법을 꼭 찾길 바란다.

내 아이는
내가 아니다

        도희가 7살 때의 일이었다. 학교 가기 1년도 남지 않았을 때였다. 도희는 동생이 태어난 후 5분, 10분마다 화장실에 가는 심리적 불안인 소아 비뇨증 증상을 보였다. 괴로웠다. 4년의 세월 동안 엄마의 껌딱지로 살던 아이. 4살의 터울이라 아이가 좀 덜 힘들 거라 생각했다. 그러나 나이 차이가 나더라도 엄마의 사랑과 관심을 덜 받게 되면서 아이는 힘들어했다. 어린이집 선생님은 아이가 수업에 집중을 못 하거나 불안할 때마다 화장실에 갔다 온다며 뒷문을 자주 나서느라 수업에 방해가 된다고 하셨다. 찬희가 태어나 50일이 되기 전에 폐렴으로 입원 신세를 지는 바람에 더욱더 도희 곁에 있어 주지 못했다. 도희의 힘듦보다 나의 힘듦이 더 크다 생각하며 아이의 고통을 외면했다. 비뇨기과에 소변 검사를 하니 이상이 없다고 한다. 당연히 이상이 없을 거라고 생각했지만, 혹시나 해서 병원에 가봤던 터라 다행이다 싶었다. 선생님은 아이와의 애착이 잘 형성되지 않은 것 같다고 말씀하시며 도희와 시간을 보내라고 하셨다. 4년 동안 내가 얼마나 그 아이를 위해 노력하고 희생했는지, 말하고 싶었다. 선생님이 뭘 아시냐고, 내 인생 없이 그 아이를 위해 살아왔다고, 나도 힘들다고 말하고 싶었다.

집으로 돌아와 아이들을 재워 놓고 펑펑 울었다. 신랑은 일찍 퇴근하지 못하는 상황이니 혼자서 끙끙 앓을 수밖에 없었다. 잠에서 깬 도희는 어린이집에 가기 싫다며 서럽게 울었다. 이불 속에 나오지 않으며 강력하게 의사 표현을 했다. 수업에 방해된다는 말이 귓속에 맴돌고, 어린이집에 가도 정상적인 생활을 못 하는 그 아이를 더는 외면 할 수 없어 많은 고민 끝에 아이를 어린이집에 보내지 않고 집에서 쉬게 하기로 했다.

"도희야. 엄마랑 약속해. 오늘만 딱 어린이집 안 가는 거야. 엄마랑 약속해. 자꾸 안 간다고 떼쓰면 안 돼. 알았지?"

아이보다 내가 먼저였기에, 두 아이를 돌보는 게 버거웠다. 습관처럼 어린이집에 안 간다고 할까 봐 두려웠다. 작은아이를 품에 끼고 보느라 도희는 방치 아닌 방치 상태로 집에서 뒹굴고 있었다. 그런 모습을 보고 있자니 차라리 어린이집에라도 가면 집에 있는 것보다 훨씬 나을 것이라는 생각에 한숨이 나왔다. 그러나 그 뒤로도 아이는 어린이집에 가기 싫다고 하는 날이 많았다. 그 시간이 길어질수록 그 아이의 마음이 얼마나 괴로울까? 안 되겠다 싶어 상황 파악을 위해 아이와 많은 대화를 나누었다.

"도희가 왜 어린이집에 자주 가기 싫은 걸까? 선생님이 혹시 혼내니? 엄마한테 솔직히 말해봐."

"엄마, 난 엄마가 좋아. 엄마랑 집에 있는 게 훨씬 좋단 말이야. 어린이집에선 하고 싶은 대로 못 하고 친구들과 놀기 싫어도 억지로 놀아야 해. 엄마랑 집에서 공부하고 그럼 안 되는 거야?"

엄마, 세상 밖으로 나가다

"안 되는 건 아닌데, 이제 학교 갈 준비를 해야 하잖아. 어린이집에서 수업을 받는 것도 학교 갈 준비야. 가기 싫다고 안 가고 그럼 학교는 어떻게 다니려고?"

아이는 더는 말하지 않았다. 놀면서 눈물을 속으로 삼키고 있었다. 어떻게 될까 싶어 담임선생님과 상담하고 한 달만 쉬어 보기로 했다. 자신 없는 나, 아기 띠 속에서 잠을 자는 백일 된 작은아이, 내 손을 잡고 걷는 큰아이. 이대로 도망이나 갈까? 빵을 먹고 싶다는 아이와 빵을 먹으며 난 이렇게 생각했다. 이제 낮잠도 잘 수 없고, 쉴 수도 없으며 두 손은 백일 된 아이를 안고 두 발로 도희와 놀아주는 내 모습을 상상하며 현실을 받아들이지 못했다.

이 아이는 사회성이 이 정도밖에 안 되는 걸까? 엄마나 아빠는 사회성이 참 좋은데, 누굴 닮았기에 엄마밖에 모르는 아이인지. 내가 잘 키웠다 싶었는데 내 마음대로 안 되는 아이를 보며 평생 엄마의 그늘 안에서 살 것 같아 불안한 마음으로 한 달의 시간을 버텼다.

아이를 이해하면서도, 있는 그대로 받아주지 못하고 욱하던 나.

"엄만 안 그런데 넌 왜 그래?"

그때를 생각하면 참 미안하다. 아이가 힘들다고 할 때 조금만 여유를 가지고 그 아이를 있는 대로 봐줬다면 얼마나 좋았을까.

한 달이 지나고 아이를 다시 어린이집에 보냈고, 같은 반 동네 친구 엄마에게 도움을 청하고 새로운 친구와 친해지면서 아이는 다행히 다시 어린이집에 적응했다. 지금 생각해보니 기관을 다니며 정을 붙이지 못해 힘들어했고 먼저 다가서지 못하는 성격이라 혼자 외로워했던 것이란 생각이 든다. 난 적응력도 빠르고 친화력이 좋아 아이를 내 관점에서 생각하고 그 아이의 입장은 인정하지 않았던 것이다. 고작 5살 아이의 지극히 일시적인 부적응을 보고 아이가 사회생활을 못 하는 낙오자가 될까 불안했던 것이었다. 아이가 내 뱃속에서 나왔지만 나와 전혀 다른 성격이었다.

그런 아이가 지금은 4학년 평범한 여학생으로 학교생활을 잘하고 있다. 어느 날은 학교 가기 전에 머리를 묶어 달라고 나를 부른다. 매일 미역처럼 빗질만 하고 절대 머리를 묶지 않던 아이가 머리를 묶어 달라기에 한걸음에 달려갔다.

"오늘은 반만 묶는 건 어때? 똥 머리는 죽어도 싫지?"

여러 가지 머리 스타일을 보여주는데, 아이의 얼굴에 미소가 번졌다. 자기의 새로운 모습이 마음에 드는 모양이었다.

"아니, 쉬는 날에 해주세요. 이번 주 토요일 날 반으로 묶어 주세요. 오늘은 그냥 하나로 깔끔하게 묶어 줘요." 부끄러움이 많아 머리 스타일의 변화도 자주 하지 않는 우리 도희. 어릴 적에 혼자 머리 스타일을 바꿔 가며 묶던 내 모습이 떠오른다. 달라도 너무 달라!

아이가 학교만 잘 다녔으면 좋겠다고 생각하던 나도 학부모가 되고 나니, 다른 아이들의 관심사는 무엇인지, 공부의 중요성을 어느 정도 느끼며 사는지 궁금해졌다. 우리 아이는 아직은 노는 것이 더 좋다고 말한다. 아이에게 공부를 잘하는 건 중요하지 않지만, 대신 학생으로서 기본적으로 해야 할 건 꼭 하자고 말했다. 너의 꿈을 위해서, 공부는 아예 손을 놓으면 안 된다며 아이를 책상 앞에 앉혔다. 놀 때는 시간 가는 줄 모르고 놀더니 책상 앞에 앉으니 10분을 견디지 못한다. 몸을 비비 꼬는 모습에 화가 났다.

"너, 도대체 어떻게 살려고 그래? 잘하진 못하더라도 기본적인 건 해야 수업시간에 무슨 말인지 알지."

학원 없이 엄마와 함께 매일 복습하고 공부한 아이. 내 노력의 결과물. 엄마인 난 아마 이것을 꿈꾸며 책상 앞에 앉은 아이를 대한 것이 아닐까? 아이의 성공이 곧 나의 성공이라 생각한 것이다.

엄마의 사랑과 관심으로 집에서 함께한 공부를 밑바탕으로 아이가 자기 주도적인 삶을 살고 사교육비 걱정 없이 성공했다는 것, 나는 그 성공을 오직 엄마의 것으로 생각했다. 아이를 위해서가 아닌 나를 위해서.

많은 엄마가 내가 이루지 못한 꿈을 아이가 대신 이루어 줄 수 있다고 생각한다. 한때 나도 그랬다. 그러나 내려놓기의 달인이 되고 나 스스로 내 삶에 집중하다 보니 아이는 알아서 자기 스스로 삶의 계획을 짜고 놀며 살아가고 있다. 이제는 엄마가 하는 잔소리만큼 본인의 의사를 분명히 이야기하는 나이가 됐다. 그리고 가끔 공부도 책임감 있게 하는 모습을 보여준다.

아이는 내가 아닌데… 내가 겪은 실패를 경험도 하기 전에 막았던 것일까? 내가 낳은 나의 분신이 잘되길 바라는 나의 사랑은 잘못된 방법으로 표현되고 있었다. 아이와 나를 동일시했을 때, 그 아이의 슬픔과 고통이 너무나 많이 전해져 함께 힘들어하느라 아이를 제대로 위로해 주지 못하고 도와주지 못했다. 그 아이가 살면서 겪는 아픔까지 내 것이 될 수는 없다. 엄마는 조금만 슬퍼하고 아이를 일으켜 세워야 한다.

아이에게 보조 바퀴가 없는 자전거 타는 법을 가르쳐 줄 때의 일이다. 아이가 다칠까 봐 자전거를 뒤에서 잡아주며 따라갔다. 운동장을 반 바퀴도 다 돌기 전에 그만하고 집으로 가자고 했다. 뒤에서 잡아주다 보니 아이가 혹시나 넘어져 다칠까 봐 무서워서 내 손이 오히려 아이의 중심 잡기를 방해하고 있었다.

미리 자전거를 배운 친구 엄마가 말했다. "혼자 자전거 타고 두 바퀴만 돌게 하면 타더라고요. 넘어지면서 중심을 잡다 보면 감이 오나 봐요. 잡아주지 말고 혼자 그냥 타게 놔두세요."

아이가 넘어져서 다치면 나까지 마음이 아팠다. 그래도 아이를 도와주지 않고 벤치에 앉아서 말했다.

"두 바퀴만 돌고 와봐. 무섭다고 땅만 쳐다보면 더 넘어져. 멀리 쳐다보면서 페달을 밟아 보는 거야. 알았지?"

두 바퀴가 끝나 갈 때쯤, 아이는 학교 운동장의 시원한 바람을 느끼며 페달을 밟고 있었다.

"엄마. 진짜 멀리 보니깐 잘 안 넘어지고 탈 수 있어요."

자전거를 배우는 것처럼, 아이의 인생을 멀리 보고 키우면 좋겠다. 그럼 넘어지는 횟수도 줄어들 것이다.

내가 낳은 아이들은 내가 이루지 못한 꿈을 대신 이루어 주는 존재가 아니다. 독립적으로 스스로 커가는 존재이며 그 아이들을 위해 엄마인 우리는 따뜻한 울타리가 되어야 한다. 그 울타리를 열고 나아 갈 수 있게!

　　　　　　　　　　　　엄마, 세상 밖으로 나가다

왜
애 썼 을 까 ?

좋은 엄마! 완벽한 엄마! 착한 엄마!

내가 나를 잘 모를 때, 나의 삶이 불행하다 느끼며 살 때, 육아에서 벗어나고 싶을 때는 이 틀을 만들어 놓고 거기에 맞는 엄마가 되기 위해 더 갈망하고 애썼다.

큰아이가 6살쯤의 일이다. 같은 어린이집에 다니는 아이의 엄마가 책 영업을 시작했다면서 설문지 작성을 해달라고 부탁했다.

"나한테 책 팔려고 하는 거 아니지? 나 '개똥이네'서 책 사는 거 알 잖아."

"알지, 알아. 할당된 양이 있어서 부탁하는 거야. 잘 좀 체크해 줘."

언니가 준 건 부모 역할 검사와 영아 종합 발달검사였다. 꼼꼼히 문항을 읽으며 체크했다. 검사지는 부모 역할 행동 유형을 삼각형 그 래프로 표시해서 결과를 보여주었는데, 삼각형의 세 꼭짓점이 정서 적 공감, 합리적 권위, 수용적 존중으로 구성되어 있어 어느 한쪽으 로 치우친 삼각형 모양을 보고 그 엄마의 성향, 육아 스타일을 나타 냈다. 내 검사 결과 삼각형은 어떤 모양이었을까? 바로 정삼각형이었 다! 정서적 공감, 합리적 권위, 수용적 존중이 적절하게 조화된 양육을 하고 있다고 나온 것이다. 결과시를 보며 나와 언니는 그저 놀라워 웃음이 나왔다.

"도희 엄마. 평소에 아이 잘 키운다고는 생각했는데, 진짜 이렇게까지 어느 하나 부족하지 않게 육아를 한다고는 생각도 못 했어. 진짜 대단하다. 존경스럽다."

삼각형의 모양을 보고 있자니 내가 진짜 잘하고 있다는 생각에 안심이 되고 자랑스러웠다. 아이들의 결과 역시, 특이사항 없이 잘 크고 있다고 하니 지금처럼만 하면 되었다.

그렇게 아이의 영·유아 시절에 난 완벽한 엄마와 좋은 엄마로 살기 위해 정보를 얻고 노력하며 살았다. 그러다 아이들이 커가며 나 자신의 삶을 찾아 밖으로 나가다 보니, 어느새 그러한 부분은 까맣게 잊고 현실에 충실하며 살아갔다. 어느 날, 오랜만에 도희가 6살 때 같은 반 학부모였던 엄마와 통화를 하게 됐다.

"도희는 잘 크죠? 지금도 엄마가 잘해줘서 잘 클 것 같아요."

"아녜요. 요즘 제가 제 인생 사느라 애들한테 예전처럼 못 해줘요. 많이 커서 엄마 손도 덜 가구요. 공부에 영 관심도 없고, 노느라 바빠요. 건강하게 잘 크니 그것만으로 감사하며 살고 있죠."

"예전에 부모 역할 검사했을 때 완벽한 정삼각형 모양이 나왔잖아요. 말은 그렇게 해도 애들이 잘 클 거예요. 도희 엄마가 얼마나 애썼는지 내가 다 알잖아."

사실 애썼다. 아주 많이.
노력했다. 힘들지만 그렇게 하면 좋다고 하니까.

검사 결과지를 받고 뿌듯해하며 지내던 어느 날이었다. 아마 그날도 몸과 마음이 지쳐 있었던 날이었을 것이다(사실 매일 그렇게 보냈던 것 같다). 두 아이를 데리고 병원을 다녀온 나는 늦은 저녁 준비를 하느라 신경이 곤두서 있었다. 배고파하는 아이들 때문에 급하게 상을 차리고 있는데 찬희가 옷을 벗고 싶다며 혼자 끙끙거리고 있었다. 7살인 큰아이는 엄마의 기분을 눈치채고 화의 불덩이가 떨어질까 봐 동생의 옷을 벗겨주고 있었다. 그 모습을 쳐다보다, 동생의 오줌을 두 손으로 받는 도희의 모습을 봤다.

"도희야. 하지 마. 왜 그랬어?"

갑자기 나오는 오줌을 참지 못한 3살배기 아이를 나무랄 수도 없었다.

"엄마 힘든데 찬희 오줌까지 닦으려면 더 힘들잖아."

그 말을 듣자마자 또 울음이 나왔다. 나란 엄마.

"엄마 얼굴이 힘들어 보였어? 그렇지만 두 손으로 동생 오줌 받는 모습은 안 보여줘도 돼. 우리 도희 엄마 때문에 그러지 마. 엄마가 닦으면 되지. 미안해, 도희야."

엄마의 얼굴만 봐도 어떤 상황이 연출될지 경험으로 알고 있는 아이. 검사 결과가 정삼각형이라 자부하면 뭐해? 아이가 동생의 오줌을 두 손으로 받을 정도로 무서운 엄마인데… 아무리 애써도, 억지로 해야만 한다는 마음가짐을 가진 좋은 엄마는 절대 좋은 부모가 아니다. 나는 그날 아이에게 뭘 해주려고 하는 것보다 있는 그대로 안정된 분위기 속에서 아이가 편하게 지낼 수 있게 해주는 것이 정서적으로 더 좋다는 걸 깨달았다.

작은아이가 비염으로 잦은 감기에 설릴 때의 일이다. 몸에 좋다는 비타민과 유산균을 몇 달 동안이나 먹였는데도 아이의 상태가 호전되지 않았다. 아무리 좋은 영양제라도 몇 달 만에 면역력이 좋아질까 싶었다. 다른 방법을 생각하다 먹을거리에 눈을 돌려 관심을 두게 됐다. 음식 관련 서적을 읽으며 아이에게 건강한 재료로 밥상을 차려 줘야겠다는 결론을 내렸다. 유기농 매장에서 장을 보며 밑반찬을 만들고, 가공식품도 대형할인점에서 사지 않고 유기농으로 화학제품을 쓰지 않고 만들어진 것만 먹였다. 아이가 아프지만 않다면 다 할 수 있다. 대신 아파 줄 수 없는데 엄마인 내가 해 줄 수 있는 것은 다 해주고 싶었다. 외식을 줄이고 비싼 무항생제 고기를 사와 국을 끓였다. 요리에 소질이 없던 나는 집밥을 준비하느라 많은 시간을 보내야 했고 조금씩 지쳐갔다. 막상 내 점심을 먹을 때는 퉁퉁 불은 라면을 먹으면서 아이의 밥은 정성 들여 만들었다. 아이는 시간이 지날수록 건강하고 좋은 음식을 먹을 수 있어 감기 걸리는 횟수가 줄어드는 것처럼 보이기도 했다. 하지만 경제적인 부담이 커져만 갔다. 경제적 부담 때문에 유기농 매장에 세 번 방문할 것을 한 번만 가게 되었다. 더구나 방학 땐 집에서 밥을 먹는 횟수가 늘어나다 보니 그 비용을 감당하기에 벅찼다. 물론 돈만 있으면 아이에게 항상 좋은 것만 먹이고 싶은 것이 부모의 마음이다.

습관을 바꾸면 풀만 먹어도 건강해진다고 한다. 그러나 어린아이들에게 건강에 좋다는 이유로 현미밥을 먹이고 채소 반찬만 먹이는 것은 현실상 불가능했다.

아이를 사랑하기 때문에 잘 키우고 싶었다. 아프지 않았으면 좋겠고, 항생제를 많이 먹이고 싶지 않았다. 그러나 너무 지나치게 애쓰다 보니 오히려 꾸준히 하지 못했다. 뭐든 '적당히'가 제일 어려운 것 같다. 나는 이런저런 시행착오를 통해 이젠 적당히 노력하고 적당히 애쓰는 엄마로 살아가려고 한다.

6살 녀석이 성인용 칫솔을 쓰고 싶다고 할 때, 우린 보통 이렇게 말한다.

"이를 잘 닦으려면 나이에 맞게 써야 하는 거야. 엄마, 아빠 이는 이렇게 크니깐 성인용 칫솔을 쓰는 거고 넌 여기 6+부터라고 쓰여 있는 네 이에 맞는 네 칫솔을 써야 해."

적당한 엄마는 아이에게 성인용 칫솔을 선뜻 내어 줄 수 있다. 큰 칫솔로 양치하기 위해 입을 크게 벌리며 양치질하는 아이는 존중받고 공감받아 자기에게 주어진 양치의 책임감을 발휘하며 임무를 완수한다. 몇 개월을 성인용 칫솔을 썼지만, 작은아이는 아직 충치가 없다. 서로 편한 게 좋을 때가 있다는 것이다.

"애쓰지 마, 노력하지 마, 신경 쓰지 마."
실존주의 철학자 알베르 카뮈(Albert Camus, 1913~1960년)는 이렇게 말했다.

'행복이 무엇인지 계속 묻는다면 결코 행복할 수 없다. 인생의 의미를 찾아 헤맨다면 결코 인생을 살아갈 수 없다.' 한마디로 "애쓰지 마."
— 마크 맨슨(Mark Manson, 1984년~), 『신경 끄기의 기술』 中

우리가 살면서 어떤 일의 긍정적인 결과를 위해서 노력했음에도 불구하고, 부정적인 방향으로 흘러갈 때가 있다. 열심히 노력해서 타인의 눈에 좋은 엄마로 보이지만, 정작 본인이 생각하는 좋은 엄마가 아닌 모습을 보게 될 때, 그 고립감은 큰 독이 되어 사랑하는 아이들과 나 자신을 부정적 에너지의 고통 속에서 힘들어하게 만든다.

11년 차 엄마로서 내가 시행착오 끝에 얻은 결론은, '적당히 노력하는 엄마로 아이들에게 있어 준다면 좋은 엄마, 착한 엄마로 있는 것보다 더 오래 긍정적인 에너지로 살아갈 수 있다.'는 것이다.

가출이 아니라 탈출

2016년 5월 10일. 마음 들여다보기.

연휴의 끝자락

아이들과 온종일 있는 게 나랑 안 맞나?

답답하고 힘들어하는 감정을 자꾸 아이들 탓으로 돌리고 있다.

아이들도 원해서 내 곁에 있는 것이 아닐 텐데….

그들도 운명으로 나의 아이들이 되었고,

선택의 여지 없이 나와 함께 있는 것이다.

나의 답답함과 힘듦을 그들에게 떠넘기지 마라.

그들도 선택의 여지가 없다.

늘 반복되는 이야기.

아이와 온전히 함께해야 하는 날은 왜 자꾸 힘에 부칠까?

나는 도대체 어떤 사람이길래?

나는 혼자인 내가 좋은 걸까?

나는 어떤 욕구가 강한 사람일까?

일단, 집안일에 목매지 말고 여유를 가져 보자.

집에만 있으니 가만히 앉아 있질 못한다.

> 아이들과 온종일 함께해야 하는 시간을 원망만 할 건가?
> 그때마다 화내고, 힘들다고 소리 지르지 말고, 조금 여유를 가져 보자.
> 글을 쓰면서도 마음이 편치 않다.

독서를 하고 글을 끄적이는 데도 특별히 바뀐 게 없다. 긍정적으로 감사하며 살다가도 어느 날 불쑥 괴롭고 우울한 기분이 들 때가 있다. 탈출하고 싶어진다. 또 현관문을 열고 나가고 싶다. 반복되는 일상 속에서 나를 위한 가출을 하다 보니 방학이나 긴 연휴 때는 많이 힘들어했다. 혼자 있을 때 느끼는 행복감은 누군가가 옆에 있어 주기에 느낄 수 있다고 한다. 아이들이 없었으면 다른 고민과 힘듦으로 나 자신을 괴롭히고 자괴감에 빠져 살았을 것이다.

어쨌든 5일만 지나면 서울 나들이를 갈 수 있으니 조금만 참자!

매달 셋째 주 월요일은 '사교육걱정없는세상'의 100인 강사 모임에 가는 날이다. 천안 등대모임을 이끌면서 어려움이 있을 때마다 간사님과 간혹 전화통화를 했다. 어느 날, 대화가 끝날 때쯤 간사님이 말씀하셨다.

"선생님. 나중에 시간 되시면 단체 소속 100인 강사 모임에 한 번 나오세요. 말도 조곤조곤 잘하시고 목소리도 너무 좋으신데, 강의하시면 좋을 것 같아요."

"제가요? 에잇, 말도 안 돼요. 강사라니요, 말씀만으로 고맙습니다."

"혹시나 생각 있으면 언제든지 오시면 됩니다."

전화를 끊고 한동안 생각에 잠겼다. 아. 하고 싶다! '강의를 어떻게 해…'가 아닌, 강사가 된 나의 모습을 떠올려 보니 짜릿하고 흥분됐다. '하고 싶은 말이 많은데, 진짜 강사 준비나 해볼까?'라는 생각이 들었다.

작은아이가 유치원에 다닐 때가 되기만을 기다렸다. 강사 모임에 가면 부모로서 득 될 것이 많을 테고 역량 강화의 기회가 될 수 있으니 흘려듣지 않고 때를 기다렸다. 그렇게 찬희가 5살이 되고 유치원 적응 기간이 끝날 무렵에 간사님에게 전화를 걸었다. 이번 달 모임부터 참여하고 싶다고 의사를 밝힌 후 서울에 갈 날만 기다렸다.

드디어, 100인 강사 모임에 가는 날이었다. 모임 전날 아이들에게 부탁했다.

"내일은 엄마가 서울에 수업을 들으러 가야 해. 평소보다 일찍 깨울 테니까 오늘 일찍 자자."

"엄마, 서울에는 왜 가요?"

"엄마도 이제 일해야지. 일하려면 준비를 해야 하니깐 서울 가서 공부 많이 하고 올게."

다음날, 알람 소리에 벌떡 일어나 세수하고 화장을 했다. 아이들이 깰까 봐 불도 켜지 못하고 어둠 속에서 눈썹을 그렸다. 눈썹이 삐뚤어진 걸 확인하고 화장실에 가서 화장을 고치는 데도 불편함 없이 기분이 좋았다. 워킹맘의 비애가 나에겐 삶의 활력소가 되는 듯했다.

아침상을 차려 놓고 가족들을 깨웠다. "엄마 서울 가야 해~. 얼른 일어나!" 낯선 아침 인사에 큰아이는 벌떡 일어나 화장실로 향했다. 평소 잠을 깨기 힘들어하는 작은아이는 나름 애를 써서 겨우 일어났다. 설거지통에 그릇을 담아 놓고 집을 나섰다. 큰아이는 학교로 향하고 작은 녀석은 유치원 친구네 집에 데려다줬다. 등원을 부탁하고 돌아서는데 왠지 모를 미안함에 마음이 편치 않았다.

'일하는 엄마들은 아침밥도 못 먹이고 아이들을 어린이집에 데려다 주고 일터로 향하잖아. 난 그래도 애들이 많이 컸으니 덜한 거야. 안 해봐서 어색한 거야. 너무 미안해하지 말자.'

택시를 타고 늦지 않게 기차역에 도착해 아메리카노 한 잔을 샀다. 커피 한 모금을 넘기는 순간, 걱정과 미안함은 싹 날아가 버렸다. 엄마들에게 커피의 힘은 위대하다. 기차의 창밖을 내다보며 꿈을 위해 집 밖으로 나가는 나를 응원해주는 신랑과 아이들을 위해서라도 시간을 헛되게 보내지 말고 돌아와야겠다고 다짐했다. 오랜만에 서울에 오니 지하철 타는 것도 낯설었다.

삼각지역에 도착해 2번 출구로 나가 단체 건물을 찾고 강의실로 들어섰다. 친절히 맞아 주시는 강사 선배님들과 간사님들, 교육관에 대한 공감대가 형성되어 있어 금방 분위기에 적응해 나갔다. 이렇게 어딘가에 갈 수 있고 무엇을 배울 수 있다는 것은 내 삶에 큰 힘이 되었고 내가 살아 있음을 느낄 수 있었다.

가출이 아니라 탈출한 듯한 홀가분한 마음! 다시 돌아오지 않는 가출이 아니다. 탈출할 때의 기분을 느끼면서 다시 집으로 돌아와 내 역할에 충실할 수 있는 가출. 이런 가출은 엄마들에게 꼭 필요하다. 그것이 어떤 방법이든, 누구든 그 해방감의 요소를 만들어 엄마 자신을 위해 살아가야 한다. 서울을 오고 가며 강사가 되기 위해 하나씩 배워 나간 지 1년쯤 지났을 무렵, 담당 간사님이 강의 시연을 제안하셨다. 3달 동안의 준비 기간을 받았다. 그래도 베테랑 선배님 앞에서 강의를 시작해야 한다는 부담감에 강사도 내 길이 아닌가 싶어 포기하고 싶었다. 그렇지만, 그 두려움에 뒤로 물러설 거면 시작하지

엄마, 세상 밖으로 나가다

말았어야 했다. 강단에 서서 강의해야지만 내 것이 되는 것이다. 강의 자료를 만들며 강의 주제의 방향을 정했다.

'엄마가 행복해야 아이도 행복해진다. - 나는 왜 우울할까? 나는 왜 불안할까? 나는 어떻게 해야 할까? 엄마로서 사는 내 인생, 좋은 엄마보다 성장하는 엄마가 되자!'

제목과 주제를 읽다 보니 자신감이 생겼다. 엄마가 되고 난 후 살아온 내 삶의 이야기를 풀어내기로 결심했다.

'내 삶의 이야기'

1시간 동안의 강의를 끝내고 많은 피드백을 받았다. 고쳐야 할 점과 개선되었으면 좋을 사항들에 대한 의견 빠짐없이 적었다. 그날 밤 잠이 오질 않았다. 몇 달 동안 강의를 준비하고 생에 처음 강단에 서서 하고 싶은 말을 다 했다. 머릿속으로만 상상하던 내 모습이 현실에 이루어진 날이었다. 어떻게 이렇게까지 성장했지? 믿어지지 않았다. 강의하는 모습이 담긴 사진을 계속 들여다봤다.

마이크 잡은 내 모습, 한 걸음을 내디뎠으니 두 걸음은 더 쉬울 듯하다.

할 수 있다. 하면 된다. '될 것이다.'가 '되어있다.'로 변했다.

누군가는 내게 운이 좋았다고 말할 수도 있다. 그러나 기회는 그냥 오는 것이 아니다. 기회를 얻는 사람은 그 기회를 운이라고 생각할 수 있는 그 무엇인가를 평소에 하고 지냈기 때문이다.

이미지 트레이닝(Image training)
운동 연습의 하나. 머릿속에 이미지를 그리면서 연습하는 것.

나는 빨래할 때나 설거지할 때 항상 미래에 내가 되고 싶은 모습을 머릿속에 그렸다. 그러다 보니 어느 날 상상 속의 내 모습을 현실에서 만날 수 있었다. 된다. 생각이 운명이 되는 것이다. 습관처럼 되뇌기만 하면 된다. 문득 떠오르는 내 삶의 꿈, 그 꿈의 상상이 여러분을 바꿔 놓는다.

'나가는 길'
지하철역이나 기차역, 상가나 버스터미널에서 볼 수 있는 말이다.
이 말은 나가는 길, 즉 출구를 알려주는 표시다. 그러나 한글의 오묘한 띄어쓰기는 이 지점에서도 우리에게 인생의 방향을 알려준다.

'나 가는 길'
나 자신이 가야 하는 길. 우리는 삶의 방향을 알아야만 인생의 나 가는 길, 즉 목적지를 향해서 갈 수 있다.
어떤 목표, 어떤 출구를 찾아 나가야 할지 결정해야 한다. 어떤 곳으로 나가느냐에 따라 출구 밖의 인생이 달라진다.
— 양경윤, 『한 줄의 기적, 감사일기』中

모든 엄마는 아이들에게 온전히 희생하는 시간이 지나고 공허한 시간이 생기면 방황하기 시작한다. 내 시간이 생기면 무엇이든 할 수 있어서 세상에서 제일 행복할 것 같지만, 그 시간도 그리 오래가지 못한다. 처음부터 욕심내지 말고 엄마와 본인의 삶을 조율해가며 서서히 세상 밖으로 나올 준비를 하면 좋다. 그것이 바로 전업주부로 살면서 잃어버린 자신을 찾을 수 있는 빠른 지름길이다.

엄마, 세상 밖으로 나가다

제 5 장

엄마의 행복을
찾아서

나는 예비 루비족[루비족: 삶을 다시 신선하게 만들고(Refresh), 평범한 아
줌마임을 거부하며(Uncommon), 아름답고(Beautiful), 젊어 보이는(Youthful)
45~55세 여성을 일컫는 말] 이다.
외면적인 투자보다 내면적인 투자를 지향한다.
나의 삶을 아름답게 가꾸는 데 열정적인 중년 여성이 되고 싶다.
삶을 신선하게 만들고 싶다. 평범한 엄마임을 거부하고 범상치 않
은 아우라를 가진 여성이 되고 싶다.

엄마의 행복이
육아의 핵심

"엄마가 행복해야 아이도 행복해진다." 지겹도록 듣는 말이다. 다 아는 말이지만 이것을 행하는 자와 행하지 않는 자가 있을 뿐이다. 행하기 위해서는 어떻게 해야 할까? 엄마의 행복은 어디서 오는 것인지에 대해 찾는 방황의 시간을 가져야 한다. 뭐든 시행착오가 있다.

나는 독서와 자기계발의 시간을 가지는데도 불구하고, 가끔 불쑥 튀어나오는 불행한 마음이 나 자신을 괴롭힐 때가 있다.

부모교육 강의 내용 중에서 잠자리에서 감사한 일 3가지만 가족들과 누워 나누어 보라는 과제를 받고 며칠 동안 실천했던 기억이 난다. 서로의 감사한 내용을 듣다 보니 그날 하루 가족들에게 무슨 일이 있었는지 알 수 있었다. 그러나 이후에 잠자리 책 읽기를 하다 보니 각자 잠드는 시간이 달라 감사한 일을 공유하는 것도 흐지부지됐다.

왜 불행하고 힘든지에 대해 늘 나에게 묻고 나 자신이 답을 주었다. 묻고 답하는 과정을 통해 긍정과 부정의 사이에 방황하는 나 자신의 현실은 파악됐지만, 다른 방법이 필요하다는 생각이 들었다. 그러다 블로그를 통해 많은 분이 감사 일기를 쓰고 있다는 걸 알게 됐다. 혹시 감사 일기를 써 볼까? 그림책 철학 하기 모임에서 자기성찰에 대해 토론하다 감사 일기 이야기를 꺼냈다.

"보라 선생님. 감사 일기 참 좋아요. 분명히 계속 쓰다 보면 바뀌는 게 있을 거예요."

응원을 건넨 마혜경 선생님은 평소에 내가 세상 밖으로 나와 성장하는 모습과 느낀 점을 편하게 들어 주시는 분이다. 항상 내가 이야기하면 경청의 자세로 들으시면서 조언을 아끼지 않았다. 내 이야기가 본인에게 자극되고 불이 지펴진다며 귀한 씨앗이 되니 마음껏 이야기하라고 하셨고, 집으로 돌아가시면 꼭 온종일 가슴이 벅차다며 날 응원해주셨던 분이다. 선생님의 응원을 들을 때마다 겸손해졌다. 그런 그분의 내공이 감사 일기에서 나온 것이 분명했다. 지금 내게 필요한 것이었다. 그분의 삶의 자세는 남의 이야기에 시기와 질투를 느끼는 것이 아니라, 모든 상황에 감사함을 느끼고 긍정적으로 받아들이시는 마음과 자세였다. 감사 일기책과 함께 본인이 쓰신 감사 일기를 보여주시며 응원해주셨다.

감사 일기를 시작하고 하루에 감사한 일 3가지를 찾는 것도 어려운 일이었다. 찾으려고 하니 오히려 찾아지지 않았다. 아침에 눈을 떴을 때부터 하루를 훑어봤다. 아이들이 늦지 않게 일어나 아침밥을 먹고 학교와 유치원에 간 것도 감사하고, 주어진 내 시간을 보람되게 보낸 것도 감사했으며, 아이들에게 간식을 사주는 소소한 경제적 여유까지 감사했다. 잠들기 전에 의무적으로 일기를 쓰기 시작했다. 피곤해서 쓰지 못한 날은 다음날 오전에 몇 줄이라도 썼다. 노력하다 보니 자리가 잡혀갔다. 그리고 내 마음을 들여다보게 되고, 나의 내면과 외부를 연결하면서 나 자신과 진정한 대화를 나눌 수 있었다.

12월 11일. 감사 일기.

천안에는 눈이 내렸습니다.
진정한 겨울입니다. 4계절을 만끽할 수 있어 감사합니다.
유치원 버스가 10분 정도 늦게 도착했습니다.
오래 기다리지 않아 감사합니다. 찬희 님을 배웅하고 세탁소에 갔습니다.
지갑을 놓고 왔습니다. 주인아저씨께서 외상으로 달아 놓으신다면서, 친절하게 웃으시며 이야기하십니다. 아저씨의 상냥함에 감사합니다. 집으로 와 청소를 하고 <산새>에 갈 준비를 했습니다. 눈이 종일 내릴 것 같아 버스를 타고 <산새>에 갔습니다. 생각보다 많이 쌓이지 않아 감사합니다. 차가 없이 움직이는 시간이 생각보다 길고 불편했습니다. 차의 소중함을 느꼈습니다. 제가 쓸 수 있는 차가 있어 감사합니다.
아이들에게 줄 과일을 사서 들고 서 있는 저의 마음이 따뜻했습니다.
감사합니다.

도희 님을 태권도 학원에 보내기 전에 김치볶음밥을 해서 먹었습니다. 저녁을 먹이고 운동을 보낼 수 있어 감사합니다. 도희 님이 태권도 점퍼를 받아 집으로 왔습니다. 관장님의 열정과 배려에 감사합니다. 아이들과 함께 장미공원에 가서 눈싸움도 하고 술래잡기도 했습니다. 오랜만에 동심으로 돌아가 아이들의 눈높이에 맞게 놀았습니다. 아이들의 웃음소리와 행복한 얼굴이 저의 마음도 행복하게 했습니다. 감사합니다. 내일은 오랜만에 100인 강사 정기 모임에 갑니다. 4달 만에 가는 것 같습니다. 상근 님이 기차역까지 태워다 주신다고 합니다. 상근 님의 배려로 눈 오는 아침에도 편하게 갈 수 있을 것 같습니다. 감사합니다. 상근 님의 내조에 감사합니다. 아이들이 잠자리에 들었습니다. 책 쓰기를 해야 합니

엄마, 세상 밖으로 나가다

다. 감사 일기가 책 쓰기의 시간을 잡아먹을 것 같아 쓰지 말까 고민을 몇 번 했습니다. 그래도 일기를 쓰면 또 오늘 하루는 특별해지겠지 싶어 인터넷 창을 열고 글을 쓰는데 속이 시원해졌습니다. 서의 끈기에 감사합니다.

일기를 다시 읽는데도 감사하고 행복해졌다. 일상의 사소한 것들이 감사함으로 넘쳐 난다. 내가 왜 화가 나고 기분이 좋지 않은지에 대해서만 묻고 관심을 가지다가, 일상의 행복을 느끼면서 부정적인 감정들이 조금씩 줄어드는 걸 느꼈다. 귀찮았던 일 또한 감사해지고 당연시했던 것들에 대해서 감사해졌다. 그리고 그 마음은 내 가족들에게 먼저 전해졌다. 신랑의 사소한 행동에 고마워했고, 아이들이 아프지 않고 건강하게 옆에 있다는 것 자체가 얼마나 소중한지 알게 됐다. 그들을 대하는 내 자세와 마음이 먼저 바뀌다 보니 자연스럽게 그들도 나를 배려해 주고 화목한 분위기가 쉽게 조성되었다.

어느 날, 노트북을 식탁 위에 그대로 둔 채 밥을 하고 있었다.
찬희가 무심결에 노트북 전원을 눌렀나 보다. 그것도 여러 번을.
자기가 생각해도 컴퓨터 화면이 멈춰있으니 이상해서 엄마를 불렀다.
"엄마, 노트북 켰는데 화면이 이상해요. 난 전원 버튼만 눌렀는데, 다른 건 안 했어요."
두려움과 불안이 그 아이를 감싸고 있었다. 순간 가슴이 답답하고 몸이 싸했다. 침착하자고 스스로 주문을 걸었다.
"찬희, 뭐 눌렀어? 이 전원 버튼? 괜찮아. 뭔가 많은 일을 하고 있나 봐. 전원 버튼은 한 번만 누르는 거야. 알았지? 조금 기다려 보면 켜질 것 같아."

화면은 멈췄지만, 버퍼링 표시가 보여 안심이 되었다. 혹시나 작업해 놓은 파일이 다 날아가 버리면 어쩌지? 걱정한 건 사실이었다. '그동안 썼던 글이며 강의자료가 날아가 버리면 큰일인데… 글을 다 썼으면 아이가 만지기 전에 노트북을 어딘가에 집어넣었어야 했어. 내잘못도 있잖아. 누굴 탓하지 말자.' 아이가 솔직히 자기의 잘못을 이야기했고, 노트북이 켜진다는 사실에 감사했다. 차분함으로 그 상황을 대처했다. 예전 같았으면 "야. 너 엄마 물건 손대지 말라고 했지? 어떻게 할 거야? 내가 못 살아 진짜. 미치겠네. 고장 나면 너 혼날 줄 알아!"라고 으름장을 놓았을 일이었다.

노트북을 켜보니 경고 메시지가 뜨고 안전 모드로 켜졌지만, 노트북 스스로 복구 프로그램을 가동해서 자료는 없어지지 않았다. 단지 새롭게 프로그램을 깔아야 하는 불편함이 있었지만, 이참에 그동안의 자료를 깔끔하게 정리하는 계기라 생각했다. 자료가 그대로 있는 것에 감사하고 감사했다.

찬희는 이런 엄마의 모습에 낯설어 하면서도 좋아했다. 예전에는 엄마가 화를 낼 때마다 두 손으로 귀를 막던 아이였다. 큰소리에 민감했고 감수성이 풍부한 남자아이라 상처가 더 컸다. 엄마가 화를 낼 때 얼마나 무서운지 모른다며 울던 아이. 화를 내는 자신이 무서웠던 엄마. 어떻게 해야 할지 몰라 방황하던 우리는 이제 알고 있다. 행복한 마음가짐이 얼마나 큰 힘이 있는지를.

그동안 나는 가족을 위해 희생한다고 생각했다. 나 자신은 없이 그들을 위해 모든 걸 버리며 살아간다고 생각했다. 이젠 희생이라 말하고 싶지 않다. 그 모든 과정은 세상을 밝은 눈으로 보게끔 하기 위한 하나의 수행의 시간이었다. 지금은 이 깨달음을 얻기 위해 결혼을 하고 엄마가 되었다고 생각한다. 나와 결혼해준 신랑과 엄마가 되게 해준 아이들이 없었다면 지금의 내 모습이 가능했을까? 나는 어른이 되어 가고 있다. 중년 여성이 되는 시발점에서 독서와 글쓰기, 감사 일기가 삶의 큰 부분을 차지하고 있어 감사하고 또 감사하다.

엄마가 행복해야 한다는 말을 그냥 허투루 듣지 말았으면 좋겠다. 엄마의 행복은 아이에게 그대로 스며들기 때문이다. 아이와 함께 멀리 해외여행을 가거나 아이에게 비싼 장난감을 사주는 건 잠깐의 행복만 줄 뿐이다. 물질적인 것으로 채워진 행복은 내면적으로 충만한 행복을 이길 수 없다. 그리고 행복해진 엄마는 웃음도 많아진다.

"엄마! 아까 그 표정으로 다시 말해봐요. 진짜 웃겨요."

똑같은 표정을 두 번 지어야 하지만 전혀 힘들지 않았다. 마음뿐만 아니라 겉모습도 바뀌었다는 것을 알게 됐다. 욱하는 모습이 줄어들면서 엄마의 표정만 봐도 화가 나려고 하는지, 기분이 좋은지를 판단하는 아이 때문이다.

나는 요즘 엄마는 개그맨이라는 아이들의 찬사를 들으면서 웃기고 싶은 개그 욕심이 생겨나는 중이다. 엄마의 행복이 육아의 핵심이다. 더 늦기 전에 알게 되어 감사하다.

연습할수록 느는 것, 행복은 삶의 습관이다.
— 리즈 호가드(Liz Hoggard)

행하는 자, 행하지 않는 자. 여러분은 어떤 엄마가 되고 싶은가? 내가 했듯이 당신도 할 수 있다.

'삶에서 제일 중요한 행복'을 나 자신뿐만 아니라 사랑하는 아이를 위해서라도 지금 당장 시작하자.

Just Now!

괜 찮 아
괜 찮 다
괜 찮 더 라

　도희가 5살 때, 찬희가 태어났다. 우리 부부는 도희의 동생이 태어나기 전까지는 온전히 도희에게 맞춰서 지냈다. 그러다 동생이 태어나기 3달 전쯤부터 도희를 어린이집에 보내면서 조금씩 도희와 떨어져 지내는 시간을 가졌다. 찬희가 태어난 후에는 갓난아기를 돌보느라 도희에게 전혀 신경 쓰지 못했다. 아이가 방치되어 노는 모습이 불안했고 걱정이 앞서기 시작했다. 또래 아이들이 한글을 읽고 쓰는 모습을 보니 늦었다 싶었다. 그래서 그때쯤 학습지 상담을 받고 처음으로 학습지 신청을 하고 수업을 받았다. 도희는 8개월 정도 한글 수업을 받으면서 받침 없는 글자들을 읽을 수 있게 됐다. 보통은 아이가 글자를 읽기 시작하면 국어 읽기로 진도가 넘어간다.

　그런데 국어 읽기 학습지로 아이의 학습 단계가 넘어가면서부터, 도희는 학습을 거부하기 시작했다. 평소 억압을 덜 받고 자유로움이 익숙한 아이였다. 나의 육아 초점은 자유로움과 아이의 의사존중이기에 아이가 싫어하는 것을 억지로 시킬 때는 다른 아이보다 거부반응이 늘 더 한 편이다. 그래서 웬만하면 아이 입장에서 생각하고 아이의 의견을 들어 줄 수 있는 선까지는 들어주려고 애썼다. 그래서 시간이 지난 후 작은아이를 돌보며 큰아이를 보는 것이 익숙해지기 시작할 때가 되자 선생님께 사정을 이야기하고 학습지를 그만둔 후 나와 같이 공부하기로 했다.

글자를 통 문자로 학습하기, 집안 곳곳에 사물에 이름표 붙여 놓기, 마트 전단지 활용하기, 낚싯대를 이용해 글자 낚아보기 등 수많은 정보를 모아 아이와 나에게 맞는 방법을 찾았지만, 쉽게 찾지 못했다. 이 좋은 방법들에는 공통점이 있었다. 바로 꾸준히 해야 한다는 것이다. 당연하지만 어려운 일이었다. 어떤 방법을 조금 시도하다가도 효과가 없어 보이면 바로 다른 방법을 찾았고 아이의 한글에 대한 관심, 흥미는 점점 떨어지기 시작했다. 아이를 믿었어야 했다. 그러나 이는 엄마에게 제일 어려운 해결 방법이다. 나는 지금도 여전히 아이를 믿고 기다려 주는 것이 어렵다. 어쨌든 여러 가지 시행착오 끝에 매일 밤 읽어주는 잠자리 책 읽기에서 방법을 찾아봐야겠다는 아이디어가 떠올랐다. 아이들이 잠자리 책 읽기에 익숙하고 좋아한다는 걸 이용하고 싶었다. 무엇을 준비하고 아이에게 가르치는 게 어려웠던 엄마였기에 선택했던 방법이다.

우선, 엄마가 읽어 주고 싶은 책 한 권, 아이가 읽고 싶은 책 한 권. 총 두 권을 들고 잠자리에 누웠다. 그리고 작은아이에게 젖을 먹이면서 책을 읽기 시작했다. 앞표지에 있는 제목을 한 글자씩 짚어가며 내가 먼저 읽어 주고, 아이에게 손으로 짚으면서 따라서 읽어 보라고 했다. 강압적인 분위기가 아니라 부드러운 어투를 유지하기 위해 노력했다. 아이는 그 책이 궁금해 엄마의 부탁을 들어주었다.

엄마, 세상 밖으로 나가다

표지를 넘기면 또 한 번 제목이 나온다. 그걸 아이가 한 번 더 손으로 짚으며 읽었다. 몇 번의 반복으로 제목을 읽고, 책을 넘겨 이야기가 시작되는 부분을 아이에게 읽게 했다. 한글을 완전히 떼지 못한 상태라 아는 글자가 많지 않았다. 그래서 글자가 너무 많지 않은 책을 골랐고 아이에게 모르는 글자는 모른다고 편하게 이야기하라고 했다. 모르는 글자는 엄마인 내가 읽어 주었고 아는 글자는 아이가 읽었다. 함께 첫 페이지를 읽고 나면 그다음부터는 내가 다 읽어 주었다. 그렇게 1년이 넘을 때였다. 어느 날 혼자서 제목과 첫 페이지를 다 읽는 아이의 모습을 보게 됐다. 일부러 엄마는 모르는 글자라며 아이에게 알려달라고도 해보고, 아이가 혼자 얼버무리며 읽어 내려가다 틀릴 때도 절대 혼내지 않았다. 왠지 이 방법이 우리에게 맞으면서 결과적으로 아이가 한글을 깨우치게 해줄 수 있을 것 같다는 확신이 있었다.

이후부터는 아이의 발전된 모습을 자연스럽게 볼 수 있다. 아이는 한글 읽기가 완전히 익숙해지지는 않은 상태였지만, 글을 쓰는 것에 거부감이 없었다. 발음이 나는 대로 글자를 쓰면서 계속 틀리는 글자들을 반복해서 고쳐 쓰기 시작했다. 아이가 책을 읽을 수 있었지만, 계속 책을 읽어 달라고 할 때마다 읽어줬다. 어떤 육아서에서는 아이에게 읽기 독립을 빨리 시켜줘야 아이를 위한 것이라고 했다. 나도 그리고 싶었다.

내 아이는 달랐다. 틀린 게 아니라 달랐다. 느렸지만 결국엔 할 수 있었다. 초등학교 예비소집의 날의 일이었다. 설레고 두근거리는 마음으로 학교 강당에 들어섰다. 태권도 학원에서 나눠주는 양말과 캔

커피를 가방에 집어넣으며 분위기를 살폈다.

"아, 아빠랑 다 같이 온 식구도 있네. 어머, 저 집 애도 1학년이 구나."

교장 선생님은 인사말과 간단한 연설 후, 한글 테스트를 한다며 아이들을 앞으로 불렀다.

"어머님들, 한글은 꼭 가르쳐서 보내주십시오."라는 교장님의 부탁이 아직도 머리에 생생히 기억난다.

도대체 우리나라 교육과정에 한글을 가르치는 시간이 없어진 게 언제부터인지. 2015년도 초등학교 1학년 1학기 한글 교육시간은 27시간이었다. 그러나 27시간의 교육으로 아이들에게 한글을 가르치는 것은 어려운 일이다. 결국, 2017년부터는 1학년 1학기 한글 교육시간이 45시간으로 늘어났다. 하지만 변한 것은 없다. 작은아이가 학교에 갈 시기에도 역시나 똑같을 것이다. 그리고 이런 상황에서 한글을 거부하는 내 아이와, 이미 5살이 되기 전에 한글을 읽는 아이를 보게 될 때 엄마인 우린 너그러움의 착한 엄마가 될 수 없다. 조급중과 불안감으로 아이를 다그치게 된다. 다그치다가 도저히 안 되면 선생님을 고용하거나 센터로 보내게 된다.

다행히 우리 가족은 도희의 강한 거부감으로 다른 선택의 여지가 없었다. 우리에게 맞는 방법을 찾아서 할 수밖에 없었다. 오랜 시간이 지난 후에야 이 방법을 선택한 것이 옳았다는 걸 알게 됐다. 지금도 너무나 감사하고 다행이다 싶다. 이제 초등학교 4학년이 된 아이는 가끔 글자를 틀린다. 마음이 급할 때나 쓰기 싫을 때 더 많이 틀린다. 마음먹고 쓸 때는 글씨 모양도 예쁘고 틀린 글씨가 없다. 이제 한글 쓰기는 아이의 마음에 달린 것이다.

엄마, 세상 밖으로 나가다

현재 7살이 된 작은아이는 첫 아이의 경험으로 더 느긋하게 키우고 있다. 가끔 또래 친구 엄마들이 나에게 묻는다.

"찬희는 한글 읽어요? 뭐 하는 거 있어요?"

"아니요. 찬희는 진짜 아무것도 안 하는 것 같아요. 그냥 책 읽어주는 게 다예요."

"안 불안해요? 난 요즘 걱정이 태산이에요. 초등학교 입학까지 1년밖에 안 남았는데."

난 확신에 찬 말투로 엄마들을 위로했다. 적기교육이 왜 중요한지에 대해 설명을 늘어놓다가 생각했다. '큰아이를 키워본 경험과 내 아이의 경험만으로 남에게 강요하는 것은 위험한 육아 방식이다.' 대화를 마무리하면서 격려했다.

"믿으면서 조금 더 기다려 보세요. 적기에 시키면 1달 안에 할 수 있다는 말이 틀린 말 같진 않아요." 걱정하는 친구 엄마의 모습이 4년 전의 내 모습과 같았다. 나의 위로도 잠깐의 안도로 끝날 것이다. 그러나 진짜 괜찮다. 괜찮을까 걱정하며 불안했던 것들이 결국엔 괜찮았다.

작은아이가 생후 16개월부터 감기에 걸리면 중이염이 같이 생겼다. 선생님은 비염이 심하고 콧물이 귀로 넘어가기 쉬운 이관의 구조라고 말씀하셨다. 초등학교에 들어갈 때까지는 중이염으로 고생할 거라고도 하셨다. 그리고 병원에서 그만 오라고 할 때까지는 꼭 주기적으로 진료를 받으러 오라고 했다. 중이염이 시작된 후 한 달에 항생제를 먹지 않는 날이 1주일도 되지 않았다. 아이의 양쪽 귀에 모두 물이 차서 약을 달고 살다 물이 빠져 항생제를 끊으면 며칠 후 다시 물이 차기를 반복했다. 2살부터 시작된 중이염과의 싸움. 아이가 어린이집에 다닌 4살부터 상황은 더 심각해졌다.

어느 날 잠을 자다 찬희가 울기 시작했다. 잠투정을 하나 싶었다. 오랜만에 자다 일어나 우는 아이가 어디 아픈 데가 있나 살펴보다가 그저 '피곤해서 깊이 못 자나.'라는 생각에 아이를 놔두었다. 그런데 아침에 일어나 어린이집에 갈 준비를 하는데 아이의 양쪽 귀 볼에 진물이 묻어 있는 것이 아닌가? 살짝 귓구멍 입구에 면봉을 갖다 대니 물기가 촉촉했다. 놀란 마음에 이비인후과로 달려갔다. 진료를 본 후 선생님은 가장 강도가 높은 항생제를 처방해 주셨고 아이는 그 약을 먹는 동안 집에서 쉬며 휴식을 취했다. 며칠 후 얼굴이 빨개져 힘없이 잠만 자려는 아이를 업고 택시를 타고 응급실로 향했다. 대학병원 응급실에선 소아 응급실조차 들어갈 수 없는 상황이라며 다른 병원으로 가라고 했다. 눈물이 흘러내려 앞이 보이지 않았다. 입원실이 있는 소아과를 찾아 전화를 돌렸다. 다행히 오후에 입원실 한 자리가 생긴다며 지금 당장 오라고 하는 병원이 있었다. 병원을 가는 내내 아이를 흔들어 깨웠다.

"찬희야. 자면 안 돼. 눈 크게 뜨고 엄마 봐봐. 몸이 자꾸 가라앉으면 안 되니깐 좀만 참아."

소아과에서는 아이의 상태가 좋지 않아 응급으로 제일 먼저 진료를 봐 주었다. 진료 결과, 아이에게 급성 폐렴까지 온 상태라며 빨리 입원을 해야 한다고 했다. 그렇게 2주일간 항생제 주사를 맞고 호흡기 치료를 하며 아이와 병원 신세를 졌다. 그러나 폐렴이 거의 완치되어 퇴원하는 날에도 아이의 귀는 물이 다 빠지지 않은 상태였다.

"이렇게 강도가 높은 주사약까지 쓰는데도 귀가 꿈적도 안 하는 걸 보면 아마도 귀에 심을 박으셔야 할 것 같습니다. 일단 퇴원하고 내원 진료받으세요." 병원에서는 아이를 전신마취한 후 수술을 통해 고막에 튜브를 끼우는 수술을 해야 한다고 하셨나. 아이가 크면서 튜브는 자동으로 빠진다고 하셨으며 그렇게 해도 완치가 되는 것은 아니고 중이염이 재발할 우려가 있다고 했다. 물놀이를 좋아하는 아이에게 물은 최대의 적이 된다는 이야기였다. 엄마로서 어떻게 해야 할지 며칠을 울며 나름대로 검색하고 알아봤다. 결국, 병원에서 수술 의뢰서를 써 주었다. 의사는 큰 병원에 가라며, 선생님이 해줄 수 있는 건 다해 주셨다며 미안해했다. 수술 후기를 작성한 엄마들의 SNS를 둘러보며 할까 망설이기도 했다. 그러다 우연히 한의원 치료를 받고 자연스럽게 물이 빠졌다는 사연을 읽게 됐다. 마지막 희망의 끈이라 생각하고 중이염 치료가 가능한 이비인후과 한의원을 찾아다녔다. 그리고 이틀마다 비염 치료를 받으며 아이에게 탕약을 먹였다. 첫 번째 찾아간 한의원에서는 치료를 했는데 호전도 없고 아이의 귀에 물이 더 차게 되자 아이를 일체 바깥에 내보내지 못하게 했다. 잠깐 어딜 갔다 와서 그렇다는 말에 엄마로서 죄책감이 들었다. 아이가 밖에 나가고 싶은 건 당연한 건데 그걸 못하게 해야 하고 책임을 엄마에게 돌리는 그 선생님이 그 당시에는 너무나 원망스러웠다. 비싼 한약을 3개월째 먹일 때, 결국 다른 한의원으로 옮겼다.

새로 옮긴 한의사는 아이가 어떻게 집에만 있냐고 위로해 주셨고, 마음을 비우고 6개월은 편한 마음으로 지내야 한다고 하셨다. 말의 힘은 컸다. 힘이 났다. 6개월 동안 이틀에 한 번씩 택시를 타고 한의원으로 가 비염 치료를 했다. 비염과 이관이 좋아지는 약을 3달간 먹이고 감기에 걸릴 때만 감기약을 한약으로 먹였다. 치료한 지 6개월이 지났다. 계절도 따뜻한 여름이었다. 끝이 보이지 않던 중이염은 여름 어느 날, 반쯤 물이 빠지기 시작하더니 며칠 만에 남은 물도 다 빠지며 깨끗한 고막이 되었다. 그날의 기쁨이란. 세상을 다 가진 기분이었다. 한편으로는 한순간에 빠지는 그 물이 야속하기도 했다.

사실 비싼 한약을 먹이는 것은 경제적으로 힘든 일이다. 신랑은 호전이 없는 상황에 한약에 대해 가끔 답답하다는 속내를 드러내기도 했다. 신랑의 말이 틀린 말은 아니었다. 나 또한 그랬으니까.

그러나 그 후 가끔 물이 차기도 했지만, 병원에 가는 날이 점차 줄어들었다. 현재 7살이 된 아이는 독한 약을 많이 먹지 않게 되자 밥도 잘 먹고 건강하게 지낸다. 악순환이 계속되었던 그 몇 년. 그때는 아이가 이렇게 괜찮아질지 몰랐다. 중이염이 초등학생은 돼야 없어진다고 했지만, 우리는 그 전에 중이염에서 해방되었다. 끝나지 않을 것 같은 일들, 해결되지 않을 것 같은 아이의 문제들이 어느 순간 해결되어 있었다. 나의 의지와 상관없이 결국, 시간이 약이었다.

오스트리아의 심리학자 프로이트(Sigmund Freud, 1856~1939년)는 "어느 날, 문득 돌아보면, 투쟁했던 나날이 가장 아름답게 느껴질 것이다."라고 말했다.

엄마가 처음인 우리들. 우리는 늘 투쟁 아닌 투쟁을 한다. 이렇게도 해보고 저렇게도 해본다. 아이를 사랑하다가도 미워한다. 아이를 믿다가도 의심한다. 그래도 늘 엄마는 최선을 다한다.

물론 육아는 엄마의 노력만으로 절대 잘 되는 것은 아니다. 엄마도 사람이다. 사람은 한계를 넘지 못할 때가 있다. 그럴 때, 너무 자책하지 않았으면 좋겠다. 그 대신 짊어진 무거운 마음의 짐을 조금은 내려놓았으면 좋겠다.

그럼, 조금 괜찮아진다.

아이들을 위한
엄마의 본보기

내가 고등학교 2학년일 때, 야간자율학습 시간의 일이다. 귀에는 이어폰을 꽂고 새로 산 젝스키스의 노래 테이프를 듣고 있었다. 선생님께 들킬까 봐 옷 속으로 이어폰 선을 집어넣고 목 뒤로 교묘하게 넘겨 머리카락으로 마무리하고 즐거운 노래 감상과 함께 문제집을 풀고 있었다. 노래에 집중했는지 문제에 집중했는지 모르겠다. 짝꿍이 나를 콕콕 찔렀다.

"왜?"

"우리 야구 게임 한 판 하자."

"나 노래 들어야 하는데? 알겠다. 딱 한 판만 하자."

각자가 생각하는 세 자리 숫자를 만들면 그 숫자를 상대편이 맞추는 게임이다. 자릿수에 숫자까지 맞으면 1스트라이크가 되는 것이다. 우린 1스트라이크 1볼을 소곤거리며 게임을 즐기고 있었다. 게임이 정점을 찍을 때쯤 뒷문이 열리는 소리가 들렸다. 선생님이었다. 이어폰을 들킬까 봐 얼른 옷깃 속에 집어넣었다.

"야. 이 쓰레기 같은 것들, 공부는 안 하고 뭐 하는 거야? 그래가지

엄마, 세상 밖으로 나가다

고 대학 갈 수 있겠어?"

선생님은 우리의 머리를 한 대씩 쥐어박으신 후 게임판을 들고 나가버리셨다.

같은 반 친구들과 함께 한바탕 웃었다. 야구게임 한 판 했다고 쓰레기가 된 우리. 억울했지만 함께 공감하는 친구들이 많았으니 괜찮았다. 그 당시 학교생활에선 자주 일어나는 일이었다. 그때의 그 친구는 지금은 경찰공무원이 되어 사회생활을 한다. 나는 강의를 하고 책을 쓰는 작가가 되기 위한 삶을 살고 있다. 우리 둘은 쓰레기 같은 삶을 살지 않고 있다. 아직도 그때 이야기를 하면 웃느라 바쁘다. 공부보다 무엇인가를 이끄는 데 능한 내 능력은 아마 고등학교 전교 회장 선거 운동 때부터 시작된 것 같다. 점심을 먹고 나면 1시간 동안 잔디밭 계단에 회장 후보가 있는 반의 아이들이 모인다. 그리고 응원가를 외치고 자신이 지지하는 후보의 이름을 소리 지르며 응원을 한다. 그때, 난 하회탈을 쓰고 응원단장이 되어 맨 앞에 서서 친구들을 이끌고 있었다. 어디서 그런 용기가 나왔는지 모르겠다. 그저 좋아서 했다. 좋아하는 일에 앞장서서 함께 공감하며 즐기는 것. 그때부터였다고 생각한다. 그 뒤로도 나는 모임의 리더가 되고 연락망이 되는 일이 허다했다. 그리고 그 모습은 결혼하고 아이가 둘인 엄마가 되어서도 이어진다. 우리 아이들은 친구들과 등대모임을 할 때나, 동네에서 모여서 놀 때 앞장서서 이야기하는 엄마의 모습을 낯설어하지 않는다.

어느 크리스마스 날, 동네의 친한 이모가 아이들에게 블루투스 마이크를 선물해 주었다. 선물이 무엇일지 다 같이 모여 상자를 열었다. 이모의 깜짝 선물에 아이들은 매우 좋아했고, 나 역시 평소 강의를 연습할 때마다 필요하다고 생각했던 마이크를 보며 우리에게 딱 맞는 선물을 해준 것에 감사함을 느꼈다.

"엄마. 이거 가지고 강의 연습하면 되겠어요. 한번 해봐요. 우리가 들어 봐 줄게요."

"안녕하세요. 부모공감강사 홍보라입니다." 아이들 앞에서 하려니 여간 부끄러웠다.

엄마의 강의를 재연하기 시작하는 아이들이다. 누군가의 앞에서 용기 내어 이야기할 수 있는 엄마의 모습을 보며 아이들도 서서히 자신감을 가지며 자란다.

특권 학교 폐지 운동을 할 때였다. 1인 시위를 가기 전날, 혼자 세종시에 있는 교육청에 가야 할 일이 생겨 집에서 플래카드를 하드보드지에 붙이고 있었다.

"엄마. 뭐해요? 나도 붙이고 싶어요. 어디 가는데요?"

"내일, 높으신 분들 계시는 곳에 가려고. 아이들 행복하게 해달라고 엄마가 인사하러 가려고 준비하는 거야. 사진 찍어 와서 보여줄게."

1시간가량 서서 시위를 하는 동안 길거리에는 사람들이 많지 않았다. 새로 지은 교육청 안에서 왔다 갔다 하는 사람들이 보였다. 점심시간에 맞춰 갔지만, 구내식당에서 밥을 먹는 공무원들에게조차 플래카드를 많이 보여주지 못했다. 몇몇 높은 간부분이 식사 장소로 이동하기 위해 차에 올라탈 때 격려해주셨다. 항상 집에서 엄마 역할이 아닌 다른 역할을 하고 온 날에는 아이들에게 사진을 보여 줬던 터라, 어떻게든 사진 한 장을 남기고 싶었다. 아이들이 경험하지 못하는 사진 속 엄마의 모습을 알게 해주고 싶었던 것이다

한참을 기다리다 한 남자분이 지나가길래 용기 내어 부탁했다.

"저기, 죄송한데 저 사진 한 장 찍어 주시겠어요?"

"아. 저 공무원 아는데요. 괜찮으세요?" 이 말에는 어떤 뜻이 있었을까? 아직도 모르겠다. 어쨌든 똥 씹은 표정으로 겨우 사진을 찍고 가을비를 헤치고 집으로 돌아왔다.

며칠 후 신문기사에 전국 교육청 앞에서 찍은 사진을 모은 뉴스 기사가 나왔다. 저녁을 먹으면서 아이들에게 기사를 보여줬더니 큰아이가 말했다.

"엄마. 나도 뉴스에 나오고 싶다. 인터넷에 나오고 싶은데, 연예인은 되기 어려우니까 엄마처럼 사교육걱정없는세상에서 일할까?"

"응? 뉴스에 나오고 싶어서? 남들 앞에 나서서 말도 하고 해야 하는데 괜찮겠어?"

"엄마 하는 거 보니깐 나도 할 수 있겠는데?" 말만으로도 자신감이 느껴졌다. 막상 앞에 서면 부끄러움이 많은 아이란 걸 알지만, 그 용기와 확신에 웃음이 났다.

두려움이란 용기가 부족해서 생기는 것이 아니다. 본인의 인생이 얼마나 소중하고 자신감이 있느냐에 따라 생겨나는 것이다. 아이에게 두려움 없이 세상 밖으로 나가는 엄마의 모습을 보여주고 싶다. 그 모습을 보며 자연스럽게 세상과 연결하며 사는 인생을 경험할 수 있게 말이다.

아이들이 크다 보니 조금씩 여유가 생겼다. 어느 날 집안일을 다 하고 피곤이 몰려와 식탁에 앉아 휴대폰을 만지작거리는데, 아이들이 자기들도 휴대폰을 만지고 싶다며 나에게로 왔다.

"엄마, 나도 게임 조금 하면 안 돼요?"

"그만할게. 엄마도 잠깐 확인하느라, 이제 책 읽으려고."

순간 내 행동을 멈췄다. 아이 앞에서 무심결에 TV를 켜고 스마트 기기를 만지는 행동을 자제하기 시작했다.

아이들은 조용한 분위기에서 심심해하다가도 놀잇거리를 만들거나 스스로 찾아서 논다. 아이들이 집중해서 놀고 있을 때는 최대한 말을 걸지 않았다. 그러면서 나는 책을 펴 책을 읽어 내려갔다. 서로의 시간을 존중하며 각자가 좋아하는 것을 했다. 그러다 놀이를 그만하고 싶은지 책을 가지고 맞은편에 앉아 나에게 말을 걸었다.

"엄마. 그 책 재미있어? 무슨 내용이야?"

한글을 모르는 작은아이 녀석은 동화책을 읽다가 나처럼 책에 줄을 긋고 싶다며 어른 책 한 권을 달라고 했다. 연필을 들고 줄을 치며 간혹 아는 글자가 보이면 동그라미도 하고, 종이에 따라 쓰기도 한다.

"찬희야. 종이에 옮겨 쓰는 걸 필사라고 해. 책을 읽다가 공감되거나 좋은 글귀를 봤을 때 감정을 추스르기 위해서 손으로 쓰는 거야."

"나도 그럼 지금 필사하는 거야? 다른 책도 해야지."

"응. 대단한데?"

거실을 쳐다보니 도희도 엎드려 책을 읽고 있었다. 이후 도서관에서 여러 가지 줄 책을 빌려다 놓았다. 그리고 바닥에 책들이 보이게 깔아 놓고 아이들이 자연스럽게 책에 손이 가도록 했다. 그렇게 셋은 한동안 책을 읽었다. 입을 쉬며 눈을 이용해 할 수 있는 셋의 놀이. 책보기. 난 이 놀이를 참 좋아한다.

잠자리 책 읽기 시간, 불을 끄기 전 각자 읽고 싶은 책을 고른다. 찬희는 아빠랑 자고 싶다며 아빠와 함께 책을 읽다 잠이 들었다. 신랑은 『홍대리 시리즈』 책을 좋아한다. 아들을 새워 놓고 도희가 책을 읽을 동안 우린 각자의 책을 읽는다. 독서할 시간이 없다고 말하던 남편도 조금씩 책을 읽기 시작했다. 책만 보면 잠이 온다는 신랑, 읽다가 자더라도 괜찮다. 한 장이라도 매일 꾸준히 읽다 보면 책을 보는 시간은 늘어나기 때문이다.

어느 날, 책장에 꽂힌 책을 보며 시어머님이 말씀하셨다.

"잠 잘 오게 책 좀 하나 줘봐. 심심할 때도 좀 읽게." 난 고민 끝에 신랑이 편하게 본 책 몇 권을 골라 드렸다. 시댁에 갈 때도 항상 책을 챙겨갔다. 짬짬이 할 일이 없을 때마다 책을 읽곤 했다. 나는 할 일이 없을 때는 늘 책을 읽었다. 가방에는 한 권씩 책을 넣어 다녔다. 마트에 갔을 때도 장난감을 구경하는 아이를 기다릴 때 책을 꺼내 읽으니, 이전까지는 지루하게 생각했던 시간을 그냥 보내지 않게 됐다. 예전부터 그렇게 했던 것이 아니다. 육아서로 시작한 책 읽기가 지금의 책 습관을 만들었다. 그 습관이 가족 모두 책 읽는 습관을 만드는 데 시발점이 된 것이다.

큰아이가 어릴 때는 하루 종일 읽은 책을 쌓아놓고 사진을 찍었다. 사진 속 책 권수를 세며 뿌듯해했던 나였기에 아이에게 많이 읽기를 강요하고 멍하니 있을 때마다 책을 들이밀었다. 아이의 책 읽는 습관이 제일 중요하다는 가르침을 여러 사람에게서 받았기에 아이에게 그 습관을 만들어주려고 애썼다. 그러나 지금은 내 책 읽기 바쁘다. 아이들이 읽어 달라고 할 때는 정성을 다해 읽어 준다. 하지만 더 책을 가지고 오라고 강요하지 않는다. 나는 읽다 만 책을 읽고 싶기 때문이다.

많은 엄마가 아이가 책과 친해지길 바란다. 책 읽는 환경을 만들어 주기 위해 비싼 전집을 한 달에 한 질씩 사 주고 거실은 온통 책장으로 도배되어 있다. 얼마를 투자했는데…. 아이들이 돈을 투자한 만큼 책을 읽지 않는다면 화가 난다. 아이의 의사를 물어보지 않고 이 시기에는 위인전을 봐야 한다고 했기에 그 책을 사서 들여놓는다. 그리고 책을 잘 꺼내보지 않는 아이를 보면 책을 읽으라고 강요하기 시작한다.

이번에 들인 책들은 실패인가 보다. 나중에 작은아이가 읽을 수도 있으니깐 일단 놔두기로 했다. 몇 년 전 나의 모습이다. 우리 집이라고 별다를까? 많은 정보 속에서 좋은 정보만 얻었다며 확신하고 아이들에게 책을 읽혔다. 그러나 여러 가지 시행착오 끝에 얻은 결론은, 엄마가 책을 읽는 모습과 행동이 엄마의 인생을 바꿀 뿐 아니라 아이의 삶에도 큰 영향을 미친다는 것이다. 부모는 아이에게 행동으로 보여주는 인생의 나침반과 다름없다.

아이보다 부모가 먼저다. 책 육아도 엄마가 먼저다. 함께 도서관을 가고 서점에 가며 책을 가까이하는 삶을 살자. 아이를 위해서가 아니라, 나를 위해서! 그렇게 한다면 나중에는 내 뒤에 책을 들고 따라 오는 아이를 볼 수 있을 것이다. 엄마의 가방에 자기 책도 넣어달라는 사춘기 딸을 만날 수도 있다.

아이들은 삶에서 공부하는 법을 부모를 통해 배운다. 나도 몰랐었다. 하지만 지금은 확신한다. 부모가 아이들에게 직접 행동으로 보여주는 것이 말로 하는 것보다 훨씬 효과가 좋고 쉽게 할 수 있다는 것을.

> "아이를 사랑해 주고 부모 스스로 좋은 삶을 사는 것, 이것이 양육의 핵심이다. 아이를 잘 키우려면 도를 닦는 자세를 가져야 한다. 부모의 꿈, 정서, 가치관, 감정, 부모가 외부환경의 자극에 대응하는 방식, 이 모든 것이 아이의 뇌에 영향을 준다."
>
> — 유시민, 『어떻게 살 것인가』 中

나는 지금 적성에 딱 맞는 일을 찾았고 그 일을 즐기며 살 생각에 가슴이 벅차다.

37살에 꿈을 찾은 엄마. 나는 내가 이과(理科) 성향인 줄 알고 이과를 선택했고 공대를 나와 이과의 인생을 살았다. 결혼 후에야 문과(文科) 성향이 강한 사람인 걸 알게 됐다. 그래서 지금은 문과 인생을 산다. 18살에 정해진 내 인생의 성향을 20년이 지난 후에야 알게 됐다. 그래도 그 시간이 있었기에 더 확신에 찼다. 좋아하는 게 없고, 잘하는 게 없다고 생각하며 살았던 나. 그런 나는 다른 삶을 살고 있다. 그렇기에 내 아이들에게 큰 강요를 하고 싶지 않다.

대신 이렇게 말하고 싶다.

"엄마도 공부 못했어. 아무리 해도 안 되더라. 그래서 답답하고 싫었는데, 지금 너희를 낳고 엄마가 되니 어떤 걸 좋아하고 잘하는지 알게 됐어. 좋아하는 걸 찾으니 잘하더라고. 그러니깐 너무 조급해하지 마. 엄마랑 같이 찾자. 도와줄게."

에너지 넘치는
삶의 활력소

"열정이 줄어든 삶, 새로운 변화가 필요하다. 열정이 줄어들면 우울한 나. 열정이 식지 않게 의식하며 살자!"

내 삶의 활력소의 키워드가 무엇인지 생각해 보았다. 바로 '열정'이었다. 어떤 아이디어가 떠오르거나 새로운 것을 알게 되었을 때의 희열은 나의 삶을 방방 뜨게 한다. 어떻게 보면 추진력이 좋은 것일 수도 있고, 다른 한편으로는 성격이 급한 것일 수도 있다.

어느 날 이지성의 『꿈꾸는 다락방』이란 책을 읽다가 몇 장 남아 있지 않았을 때, 작가의 새로운 책을 검색했다. 『생각하는 인문학』, 『리딩으로 리드하라』 등 여러 권이 눈에 띄었다. 책에 대한 욕심이 날로 커지는 상태라 한 권이라도 늦게 사고 싶지 않았다. 도서관에서 빌려 볼 만한 가벼운 책이 아닌 것 같아 일단 결제를 했다. 총알 배송이라고 해도 책을 기다리는 시간이 길게만 느껴졌다. 택배 아저씨의 동선까지 파악하는 상태라 책이 몇 시쯤 내 손에 들어올지 대략 감을 잡았다. 전화벨 소리가 울렸다.

"택배예요~. 집에 계세요?"

"언제쯤 오세요? 곧 오시죠?"

"네. 10분 안에 갑니다."

"집으로 갖다 주세요. 감사합니다."

책이든 옷이든 택배를 기다리는 마음은 누구나 다 비슷할 것이다. 나는 그중에서 책이 담긴 택배 상자를 열 때 가장 설렌다. 그래도 가끔 아이들이 뜯겠다며 가위를 들고 나설 때는 침착함의 미덕을 발휘해서 기다려 준다.

상자를 열어 책을 꺼내서 보니, 빳빳한 책의 표지와 종이 냄새가 참 좋았다. 식탁 겸 서재인 내 책상에 쌓아 올려놓으니 그렇게 뿌듯할 수가 없었다. 밥을 먹다가 쌓아놓은 책들을 봤다. 항상 그 자리에서 나를 기다리고 있다. 책은 늘 내가 선택했다. 그리고 거절 없이 나에게로 왔다. 책은 말없이 채찍질도 하고 용기도 주었다. 희망의 빛도 밝혀주는 이 책들을 고마워할 수밖에 없다. 온종일 책을 읽으며 살진 않지만, 옆에 있는 것만으로도 큰 힘이 되는 책. 좋은 엄마가 되기 위해 책 보는 삶을 목표로 삼았지만, 한동안은 삶의 변화는커녕 올바른 자기계발서의 틀에서 허우적거리며 강박관념 속에서 힘들어했던 시절도 있었다. 그 당시 들였던 막무가내로 읽던 책 습관 덕에 눈에서 손으로 읽어 내려갔다. 책을 읽고, 필사(筆寫)하며 작가와 내 생각을 공유하며 책이 주는 힘을 알게 되었다. 늦었지만 돌고 돌아 손으로 책을 읽는 삶을 살 수 있어 감사하다.

책과 글쓰기야말로 내 삶의 첫 번째 활력소다.

온종일 앉아있거나 움직임이 덜한 생활을 할 때마다 몸이 무거웠다. 나는 체질적으로 살이 잘 찌는 체질이라 늘 살에 대한 강박관념이 있다. 그러던 것이 임신 후에는 고삐가 풀려 배 속의 아이 핑계를 대며 더 먹었다. 살에 대해 예민하고 긴장했던 마음이 임신으로 해방 되었던 것이다. 작은아이를 데리고 있을 때는 현미 채식을 하며 살을 뺄 적도 있고, 낮잠을 재워 놓고 바로 나가 불안한 마음으로 20분 동 안 줄넘기를 하고 들어오며 다이어트를 하기도 했다. 의지가 약해 오 래 하지 못하고 시도만 하다 포기하기를 반복했다. 작은아이도 어린 이집에 보내기로 결정한 후에는 집 근처에서 할 만한 운동이 뭐가 있 을지 알아보기 시작했다. 집에서 세 블록 정도 떨어진 곳에 복싱장이 있다는 걸 알게 되었다. 카페에 가입하고 복싱 동영상을 봤다. 스트 레스도 풀리고 땀을 쭉 뺄 수 있어 마음에 들었다. 얽매어있는 삶이 라 가깝고 강도가 센 운동이 딱 맞았다. 그렇게 나는 2015년 8월부터 복서가 되었다.

그날도 잽잽! 원투!~ 어퍼! 훅!을 날리며 1시간 반가량 운동을 했 다. 집에 가는 길에 마트에 들렀다. 반찬거리를 고르다 큰아이의 같 은 반 엄마를 만나 인사를 나눴다.

"안녕하세요?"

"안녕하세요? 땀난 거예요? 몸이 다 땀으로 젖었네."

"아, 저 운동하고 오는 길이라…"

"어디로 다녀요?"

"여기 뒷골목에 손정오비트복싱장 다녀요"

"거기에 복싱장이 있어요? 운동 많이 돼요?"

"바로 뒤에 블록 돌면 3층에 있어요. 운동이 엄청 힘들어서 운동량 이 어마어마해요~"

그렇게 인사를 나누고 헤어졌다. 며칠 후 태권도 학원 공개 수업

날 다시 그 엄마를 만났다.

"오셨어요? 참, 복싱 재미있어요? 우리 큰아이도 보내고 싶은데, 살 많이 빠졌어요?"

"아, 저 한 10kg 정도 빠졌어요. 1년 조금 넘게 다니고 있고요."

"네? 1년 넘게 하고 10kg 정도 빠졌다고요?"

그 순간 선의의 거짓말을 할 걸 후회했다. 3개월 다녔다고 할 것을. 그 엄마의 얼굴을 보아하니 머릿속으로 계산 중인 것 같았다. 한 달에 1kg 정도 빠졌다는 것을 나 자신도 그때야 알게 됐다.

"제가 맥주를 좋아해서요. 신랑도 좋아하니 자꾸 먹자고 하고, 먹으면서 빼는 거라 저는 만족해요. 굶으면서 하는 건 나이 먹어서 못하겠네요." 말하면서 창피했지만 빠지고 있었기에 괜찮았다. 괜찮다면서 변명을 했다. 운동량은 복싱선수만큼 하고 먹는 것은 복싱선수보다 더 먹으니 만족할 수밖에 없다.

애들을 재워 놓고 나오니 신랑이 물었다.

"데리고 다닐 정도는 되니깐 오늘 밤 맥주 콜?" 저놈의 인간, 오늘 내가 얼마나 창피했는데 또 저런다! 강하게 거부했지만, 신랑의 목으로 넘어가는 맥주 소리에 무너지고 말았다. 그날도 맥주 한 캔으로 하루의 피로를 풀었다. 나는 1주일에 2번 정도는 맥주 한 캔을 먹고 잔다. 양심상 혼자 정한 규칙이다. 음식조절까지 하며 지냈으면 새로운 사람으로 살아가고 있겠지만, 지금의 나도 괜찮다 생각한다. 죽었다 태어나지 않는 이상 여리여리한 몸으로 살기는 힘들다고 위로하며 아주 긍정적으로 살아가고 있다. 그리고 5일 중 4일을 복싱장에 가는 끈기와 책임감이 훨씬 위대하다고 말하고 싶다. 조금 슬프지만 그렇게 믿고 싶다! 운동이야말로 내 삶의 두 번째 활력소다.

나는 오전에는 강의를 하거나 모임에 나가 사람들을 만난다. 일반적으로 사람들을 만날 때는 대부분 엄마들을 만나기 때문에 아이들을 보내고 난 오전 시간이 여유롭고 느긋해서 좋다. 그날도 집 밖을 나서 운전대를 잡으며 노래를 틀기 시작했다. 큰소리로 노래를 따라 부르다 보니 모임 장소에 도착했다. 함께 이야기를 나눌 사람들과 하루의 사치인 커피 한 잔을 마시며 세상 제일 행복한 여자가 되어 삶을 즐겼다. 늘 만나면 비슷한 이야기를 하지만, 그 이야기 속에서 깨닫고 느끼는 게 분명히 있기 마련이다. 책으로 간접 경험을 해서 교훈을 얻듯이 수다와 토론을 통해서도 삶의 지혜를 얻을 수 있다. 그래서 난 사람들을 만나고 밖으로 나가는 게 육아 우울증의 첫 해소 방법이라고 본다. 선배와 동지들의 경험이 갇혀 있는 엄마들을 외롭지 않게 하기 때문이다.

　‘나 힘들어요. 진짜 힘들어 죽겠어요. 왜 힘든지도 모르겠어요.’

　이렇게 생각한다고 해서 누가 알아주지 않았다. 그렇게 생각하는 동안 실제로 피해자는 가족이었고 피의자는 나였다. 나는 내가 힘든 것이 가족 때문이라 생각했지만, 그 누구도 인정해 주지 않았기에 나 스스로 삶의 활력소를 찾아야만 했다. 엄마가 아니더라도 누구나 자아가 형성되는 시기부터는 삶의 활력소를 의식적으로 만들며 살아야 한다. 물론 그렇다고 본업에 충실하지 않으면서 부업에 모든 것을 쏟아붓진 않았으면 좋겠다. 나 역시 내가 집중하는 일이 어느 때는 한쪽으로 치우다 보니, 정작 제일 중요한 아이들을 키우는 일이 힘에 부칠 때가 있었다. 밖에서 에너지를 다 빼고 오는 날에는 긍정의 에너지가 충만해도 막상 몸이 힘들면 감정 조절이 잘되지 않는 나를 본

　　　　　　　　　　　엄마, 세상 밖으로 나가다

적도 많다.

어느 날의 일이다. 서울에서 강의를 하고 회의에 참석하고 집으로 돌아오니 오후 4시가 다 되었다. 아이들이 모두 집으로 돌아오는 시간은 5시. 한 시간의 여유가 있기에 복싱장으로 향했다. 1시간 반 정도 해야 하는 운동을 50분 안에 끝내야 했다. 정신없이 운동을 마치고 집으로 돌아왔다. 과일을 깎으며 아침에 못 한 설거지를 하고 압력솥에 밥을 해 놓고 씻었다. 씻고 나니 노곤했다. 그런데 아이들은 돌아오자마자 하루 종일 밖에서 있었던 이야기를 해대느라 내 옆에서 떠나질 않았다. 아이들이 배가 고플까 봐 바쁘게 움직이지만, 몸은 따라주지 않았고 아이들과 대화를 이어가며 관심을 표하고 눈빛을 보내는 게 벅찬 나머지 소리를 질렀다.

"엄마가 오늘 말을 너무 많이 해서 입이 아프다. 밥할 동안에 TV 좀 보고 있어."

뭐 하는 짓인지, 애들이 나가서 에너지 빼고 오라고 한 것도 아니고, 번듯한 회사에 다니는 것도 아니면서 뭐했기에 소리를 지르는지 나 자신이 이해가 안 되었다. 자기 비하를 시작하는 내 모습이었다. 하지만 이런 자책의 시간도 깨달음의 시간을 준다는 것을 이제는 알기에 스스로 마음껏 비하하고 반성했다.

밥상을 차리고 아이들을 불렀다. 특별히 아이들이 좋아하는 만두도 튀겨 만두로 산을 만들어 식탁 가장자리에 놓았다. 만두를 보니 기분이 좋아진 아이들, 나는 아이들에게 사과했다.

"엄마가 오늘 서울에 가서 강의하느라 에너지를 다 쏟다 보니 힘들었나 봐. 아까 너희들 배고플까 봐 정신없이 저녁 준비하느라 화가 입에서 나와 버렸네. 미안해~. 앞으로는 조심할게."

만두를 먹느라 엄마의 사과에 건성으로 대답하는 아이들이었다. 만두 덕에 내 사과의 힘이 더 커졌다. 그런 날은 감사 일기를 쓰면서 한 번 더 마음을 다잡는다. 그리고 다음 날은 어디에도 가지 않고 집에서 휴식하는 시간을 꼭 가진다. 휴식을 취한 뒤 아이들을 일찍 집으로 오게 하고 놀이터를 가거나 공원에 간다. 간식을 먹으며 자연의 바람을 마음껏 쐬고 오니 기분이 참 좋다.

잠자리에 들기 전 소꿉놀이를 하자며 장난감을 들고 오는 찬희. 엄마는 손님이니 주문을 하라고 한다.

"김치볶음밥 1인분이랑 어묵국 하나 주세요."

"잠시만 기다리세요."

뚝딱뚝딱 요리하는 요리사의 꼼지락거리는 발이 눈에 띄었다. 찬희 발톱이 하늘 위로 솟아 나에게 인사를 한다. 발톱을 얼마 전에 깎아준 것 같은데 벌써 이렇게 길었다니, 놀라웠다.

"요리사님, 발톱 안 깎으셨어요? 엄청나게 긴데요? 엄마가 누구길래 발톱도 안 깎아줬나 모르겠네요."

"네가 내 엄마잖아. 내 앞에 있네!" 그래, 맞다. 내가 네 엄마다! 어이없는 대답에 웃음이 났다.

기분이 좋은 날에는 웃음이 나지만, 기분이 좋지 않은 날에는 버릇없다며 애를 잡았을 것이다.

스케이트를 탈 때 잘 타려고 집중하다 보면 오히려 넘어진다. 잘못된 집중을 했기 때문이다. 여러분은 너무 앞만 보고 달리지 말았으면 좋겠다. 자신에게 집중하되 주의를 돌아보는 눈썰미는 꼭 가지길 바란다. 그것이 올바른 삶의 집중이다.

엄마, 세상 밖으로 나가다

밖으로 매일 돌아다니다 보면 엄마의 임무를 소홀히 할 수밖에 없다. 그것을 조절하며 세상과 소통하는 것. 이것 또한 삶을 열정적으로 살 수 있는 엄마로서의 삶의 지혜임을 잊지 말고 살자.

결혼하지 않았으면 지금의 내 삶의 활력소들이 에너지를 넘치게 했을까? 엄마로 살 수 있어 감사하다. 진정한 어른이 되어 가고 있어서 다행이다.

"지루해서 죽기보다는 차라리 열정으로 죽겠다."
— 빈 센트 고흐(Vincent van Gogh, 1853~1890년)

아이들의 엄마로 살면서, 엄마로 사는 인생을 지루해 미치겠다고 투정만 하며 살 것인가?

매일 점심마다 약속을 잡고 나가서 맛있는 음식을 먹어도 행복함은 오래가지 않는다. 열정을 불러일으키는 것들을 찾고 꾸준히 해보자. 습관이 되어 열정적인 삶을 살다 죽을 수 있도록!

꿈을 찾아가는 엄마들

얼마 전 EBS에서 특별기획 7부작으로 <우리, 지금 행복한가요?>라는 프로그램을 방영했다.

그중 3부에서 다룬 '초 저출산 시대, 육아로 고민하는 엄마와 아빠들의 솔직한 이야기'를 시청했다. '엄마가 된 신데렐라'라는 주제였다. 대한민국의 출산율은 전 세계 국가 중 190위! 꼴찌에서 세 번째라고 했다. 인터뷰 중 "엄마는 꿈이 뭐야?"라는 아이의 질문에 아무런 말을 못 했다는 엄마의 눈에는 눈물이 고여있었다. 마치 예전의 내 모습과 같았다.

엄마가 된 신데렐라

신데렐라는 얼마 후 왕자와 결혼을 했어요.
아이를 가졌고 10달 후 아이가 태어났어요.
아이를 키우는 건 쉽지 않았어요.
신데렐라는 일을 하다 12시가 되기 전 집에 가는 마차를 놓칠까 봐 뛰어가요.

아이에게 달려가 아이를 돌보기 시작해요.

신데렐라가 된 엄마는 처음부터 꿈이 없었을까요?

— EBS 〈우리, 지금 행복한가요?〉 3부. 엄마가 된 신데렐라 방송 중 일부분 인용.

12시에 마차를 놓칠까 봐, 나는 일을 포기하고 전업주부로 살았다. 결혼이 현실도피가 될 줄 알고 도망치듯 결혼을 했고, 조마조마하게 살고 싶지 않아 집에 있는 엄마로 살았다.

그러나 이제는 다르다. 내 삶의 꿈을 찾고 싶어 돌아다니다 보니, 내 주위에는 자신의 꿈을 찾기 위해 노력하는 엄마들이 많다.

책이 좋아 쌍둥이 아들을 키우며 동네 아파트 상가에 작은 도서관을 만들어 품앗이 육아를 하던 엄마가 있었다. 그녀는 아이들이 크면서 책이라는 중심을 아이들에서 어른으로 옮기게 된다. 책과 함께 사는 인문학 공동체를 만들기 위해 아이들이 집에 오기 전의 모든 시간을 쏟았다. 공간의 월세를 내기 위해 커피와 음식을 함께 팔면서 유지비를 모으다 보니 독서모임은 안정적으로 자리 잡지 못했다. 항상 적자였다. 그러나 인문학적인 삶을 살고 싶은 그녀의 욕심은 경제적 어려움도 이겨낼 수 있도록 만들었다. 몇 년의 시간 동안 시행착오를 거쳐 지금은 천안에서 독서모임하기 좋은 〈산새〉의 대표로 늘 그곳에서 사람들을 맞이해 준다. 〈산새〉에 가기 시작하면서 방황 아닌 방황을 했던 나다. 가슴 속에서 무엇인가 꿈틀대는 것이 생겨나고 나는 어떤 사람인가에 대해 고민하게 되었다.

큰아이가 2학년 때 〈산새〉에서 하는 보드게임 수업을 들을 기회가 있어 매주 화요일마다 두 아이를 데리고 〈산새〉에 갔다. 작은아이와 치즈 케이크를 나눠 먹고 있는데 내 귀와 몸은 옆 테이블의 엄마들과 함께 있고 싶어 했다.

"어제 필사한 거 보니 생각이 많아지더라고요."

"오늘은 고전 수다방 모임 책을 읽어야 할 것 같아요. 준비하는 일은 잘되고 있어요?"

"자격증은 나왔는데, 일단 차근차근히 해놓고 도전해 볼까 해요."

저 두 여인의 대화에 나오는 준비와 도전은 무엇을 이야기하는 걸까? 같이 앉아 이야기하고 싶어 죽겠다. 작은아이에게 2층에 가서 동화책 10권을 가져오라는 미션을 던져 주고 살며시 인사를 했다. 그렇게 알게 된 수민 선생님과 은실 선생님은 나에게 없어서는 안 될 존재들이다.

우리는 육아를 하면서 독서하는 이야기, 아이들을 키우며 힘든 이야기 등을 나누다 헤어졌다. 모임을 한창 나가기 시작할 때 두 여인을 자주 만나게 되고 우린 조금씩 친해지기 시작했다. 그리고 서로의 꿈을 이야기하면서 행복해하고, 고비가 오거나 힘들 땐 위로해 주며 서로에게 피드백을 아낌없이 해주는 사이로 발전했다.

"우리는 매일 바쁜데, 정작 돈은 못 벌어서 어떻게 해요?"

"애들도 다 컸는데 공부만 하고 계발만 하고 있으니 불안하네. 수시로 아르바이트 사이트를 계속 검색한다니깐 요즘."

"언젠가는 머릿속에 그리는 것을 하고 있을 거예요. 그러다 보면 부도 조금씩 따르겠지!"

"돈 벌 생각했으면 진작 취업 전선에 뛰어들었어야 했어. 일단 내일까지 읽을 책부터 읽자."

함께하는 동지들이다. 우린 오전에 모였다가 오후에 흩어진다. 그

엄마, 세상 밖으로 나가다

렇게 2년의 세월이 흘러갔다.

수민! 선생님은 집 근처 가까운 곳에 자기만의 아지트를 얻고 그곳에 머무르느라 〈산새〉에 자주 오지 못하게 됐다. 그녀의 *삶*은 컬러테라피(Color therapy, 색채 치료) 강사다. 그녀는 아이를 낳고 미술 심리에 관심을 가졌다. 그러다 색채 심리까지 공부하게 됐다. 엄마, 아빠라면 이래야지. 이상적인 부모상과 완벽한 아이의 모습을 바랐던 그녀는 그것에 도달하기 위해 몸부림을 쳤다고 한다. 노력하다 방전되어 바닥에 뚝 떨어져 몸과 마음이 아팠을 때 심리에 관심을 가지고 되었고 색채를 배우면서 삶이 한 가지 색이 아니라 여러 가지 색의 삶이 있다는 것을 인정하기 시작했다.

다른 사람과 다른 것이 나쁜 게 아니라 그전에 그녀가 보지 못한 색일지도 모른다는 생각이 들었고 결국, 스스로를 인정하고 색이라는 도구로 사람들과 함께 안정과 활기를 균형 있게 잡고 사는 것을 꿈꾸게 되었다. 또한, 색깔로 심리분석을 하는 것에 머물지 않고 자기 탐색작업과 성격유형분석까지 자신만의 데이터를 만들어 사람들과 만나기 위해, 살아가기 위해 육아와 일을 병행하며 산다. 그녀가 이상적인 엄마를 꿈꾸다 현실에 부딪혔을 때 얼마나 힘들었을지 알기에 눈물이 났다. 나 또한 그랬으니까. 이렇게 한 여인은 꿈을 위해 자기 자리에서 열심히 살고 있다.

나머지 한 여인의 이야기도 해볼까 한다. 은실 선생님이다. 나와 전혀 다른 유년시절을 보낸 그녀다. 중학교 시절부터 문학 류의 책을 읽었다던 그녀는 얼굴도 예쁜 시골의 얼짱 출신 엄마다. 그녀는 학창시절 친구들과 생각하는 것이 달랐고 그 다름이 이상하다고 생각했다. 또래와 다른 자신의 생각을 느끼면서 많이 방황했다. 가끔 책이라는 친구를 옆에 두다 결혼을 하고 아이를 낳았다. 신랑이 베트남에서 일하고 있으니 독박을 제대로 쓴 독박 육아 지존 엄마다. 혼자서 두 남자아이를 키우는 그녀를 보고 있으면 아들이 없는 엄마 같다. 그녀의 차분함과 조곤조곤 자기 의견을 말하는 모습이 참 예뻤다. 그녀는 나의 책의 견문을 넓혀 준 헤르만 헤세를 추천해준 주인공이다.

그녀는 항상 무엇인가를 배우고 들으러 다닌다. 어렸을 때부터 텍스트를 좋아했고 책으로 소통할 때가 가장 만족감이 크다 보니 책과 함께할 때 정체성에 안정감이 왔다고 했다. 그리고 사람의 심리에도 관심이 많다. 그녀가 심리전문가들이나 읽을만한 책을 읽는 모습을 볼 때마다 대단하다는 생각이 든다. 『국가』, 『플라톤』이라는 두꺼운 책을 옆구리에 끼고 〈산새〉 문을 열고 들어오는 그녀의 포스는 남달랐다.

어느 날, 모임이 끝나고 부랴부랴 일어나며 먼저 간다고 인사를 건네던 그녀가 소곤거리며 말했다.

"선생님~. 나 오늘 서점 간판 다는 날이에요. 오후에 일 없으면 같이 갈래요?"

"어머, 진짜? 오늘? 나 할 게 남아서, 일단 다 하면 연락할게요!"

일이 마무리될 때쯤 문자가 왔다. 간판을 찍은 사진 한 장이었다. 눈으로 보고 싶어 후다닥 짐을 싸고 서점으로 향했다.

서점에 걸린 문구를 보니 '책방, 오늘 & 컬러테라피'라 적혀있었다.

그랬다. 두 여인이 일을 냈다. 책이라는 도구와 색채라는 도구로 사람들을 위로해 주고 행복을 찾는 것을 도와주기 위해 같은 공간에서 일을 시작한 것이다. 간판을 보는 내내 가슴이 설렜다. 그녀들이 아이들을 키우며 꿈을 찾는 길을 옆에서 보았기 때문이다. 결과물이 없어 의심하며 신세 한탄하던 그녀들이 자기들만의 공간을 만들어 세상 밖으로 나왔다. 그녀들은 살다가 뒤돌아봤을 때 '후회'라는 단어가 떠오르지 않는 삶을 살고 싶다고 했다. 아이들과 함께 가슴 충만한 행복이 어떤 것인지 알 수 있는 삶을 살길 희망한다고 말했다. 그렇게 현실에 겁먹고 방향을 잃은 엄마들이 세상 앞에 나와서 섰다. 나와 세상을 알아가길 위해서….

그동안 꿈을 찾아가는 엄마들을 만날 때마다 느낀 공통점이 있다.

1. 자신을 사랑하고 무엇을 위해 살아야 할지 고민한다.
2. 아이를 키우면서 자기의 꿈을 구체적으로 찾는다.
3. 그 길을 이리저리 방황하다 조금씩 넘어지는 횟수가 줄고 구체적인 목표가 생긴다.
4. 수단과 방법만 다를 뿐 아이를 위해, 나를 위해, 가족을 위해서 무엇으로 풀어낼지 찾은 행운의 여인이다.
5. 그러다 자기만의 공간을 만들어 둥지를 튼 여자들이다.
6. 한 살이라도 젊었을 때 자기가 하고 싶은 것이 무엇인지 판단해서 이를 생계 수단으로 삼아 그것을 중심으로 삶을 조직해 나간다.

여러분도 할 수 있다. 이 책을 고른 여러분은 이미 그런 마음과 열정이 있는 엄마다.

아이를 키우기 힘든 나라의 엄마로 살아가지만, 엄마로 살면서 그 속에서 행복함의 의미를 알게 되는 것은 사실이다. 예전에는 아이를 다 키운 중년의 여성들이 육아에 벗어나 자신만의 꿈을 찾아 사는 이야기들이 엄마 인생의 성공사례로 나오기도 했다. 시대가 바뀐 만큼 아이의 나이와 상관없이 엄마 자신의 인생을 일찍 찾기 위해 고민하는 엄마들이 늘어났다. 영·유아인 자식들을 키우면서 글쓰기를 하고 강의를 들으며 자기 계발을 한다. 아이 때문에 못 한다고 생각했던 나는 생각도 못 했던 일이다.

증자(曾子)가 말했다.

선비는 뜻이 크고 의지가 강인해야 한다. 책임은 무겁고 갈 길이 멀기 때문이다.

인(仁)을 자신의 임무로 삼으니 또한 책임이 무겁지 않은가? 죽은 뒤에야 그만두는 것이니 또한 갈 길이 멀지 않은가?

엄마라는 존재가 말했다.

엄마는 뜻이 크고 의지가 강인해야 한다. 책임은 무겁고 갈 길이 멀기 때문이다.

모성애(母性愛)를 엄마의 임무로 삼으니 또한 책임이 무겁지 않은가? 죽은 뒤에야 그만두는 것이니 또한 갈 길이 멀지 않은가?

갈 길이 멀다. 아이만 위해 살다 아이가 내 품에서 떠나버리면 나이가 들어 꿈꿀 수 있는 꿈이 제한적일 수 있다.

내가 어릴 때 즐겨 봤던 만화인 '빨강머리 앤'에는 이런 대사가 나온다.

앞일을 생각하는 건 즐거운 일이에요.
이루어질 수 없을지는 몰라도 미리 생각해보는 건 자유거든요.
린드 아주머니는 "아무것도 기대하지 않는 사람은 아무런 실망도 하지 않으니 다행이지."라고 말씀하셨어요. 하지만 저는 실망하는 것보다 아무것도 기대하지 않는 게 더 나쁘다고 생각해요.

꿈을 향해 나아가는 삶은 즐거운 삶이다.
꿈을 이룰 수 없다고 기대하지 않는 것은 실망도 후회도 없으니 다행이라 생각할 수도 있다.
하지만 아무런 기대도 꿈도 없이 사는 것은 빨강머리 앤의 말처럼 나쁘다. 진짜 나쁜 일이다.

찾아가는
예비 엄마 교실

준비를 제대로 하지 않은 상태에서 부모가 되어 아이들을 학대하거나 죽이는 이른바 키더런트(Kidarent, kid+parent의 합성어)들. 이 키터런트에 대한 구체적인 대책과 사회제도 마련은 꼭 필요하다. 아니, 꼭 해야 한다. 어느 날 인터넷과 뉴스에서 큰 화제가 되었던 사건이 있다. 엄마가 피다가 버린 담배꽁초로 인해 집에서 불이 붙어 결국, 엄마만 살고 아이 셋은 그 자리에 죽었다는 사건이었다. 현장 검증을 하는 TV 화면 속에는 현관 입구에 널브러진 아이들의 신발이 보였다. 가슴이 저며 왔다. 뜨거운 불길 속에 죽어갔을 아이들. 엄마는 무료 변론을 해주겠다는 변호사에게 "자신의 죗값을 달게 받겠다."며 본인의 죄를 인정했다. 사건이 있기 전, 그러니까 아이들의 엄마가 돌아오기 전, 집에는 아이들을 보호해줄 양육자가 아무도 없었다. 아빠는 게임방에 가 있었고 엄마는 외출한 상태였다. 5세, 2세, 15개월의 아이들만 집에 남겨두고 나갔다. 불이 났을 때도 어떻게 혼자 베란다로 나갈 수 있었는지, 일반적인 상식에서는 이해되지 않았다.

뉴스에는 파렴치한 부모들의 이야기가 잊을 만하면 나온다. 생후 6

개월 된 딸을 이불로 덮어 숨지게 하거나 3살짜리 아이를 목줄로 채우고 사흘간 방지해 숨지게 한 사건 등. 이런 사건은 나에게 부모로서 감당하기 힘든 슬픔을 안겨 줬다.

큰아이가 2살 때의 일이다. 내 옆에만 있는 그 아이가 미웠다. 누워서 쉬려고만 하면 젖을 찾아 먹는 아이가 싫었다. 눈 감고 자는 시간만 빼고는 온전히 나에게 몸을 맡기고 있는 그 아이가 나의 우울함의 원인이라 생각했다. 엄마가 좋다며 뛰어와 안기는 아이를 밀치던 나. 아이는 놀라면서도 다시 뛰어왔다. 아이는 상처받았지만, 다시 엄마에게 가고 싶어 했다. 다시 오는 아이를 발과 손으로 밀어내며 거부하던 난 그대로 베란다에서 뛰어 내리고 싶었다. 정확한 이유는 없다. 그냥 싫었다. 도망가고 싶었다. 놓고 싶었다. 엄마의 거부에 당황하던 딸은 혼자 바닥에 엎드려 울었다. 우는 소리조차 듣기 싫어 신랑에게 전화를 걸었다. 나 힘들어 죽겠으니 아이를 데리고 어디라도 가라고….

화가 난 신랑은 집으로 와 아이를 안고 나가버렸다. 양육권을 포기하는 거냐며 드라마에 나올 법한 장면을 연출했다. 난 대답하지 않았다. 30분 정도 시간이 흘렀나 보다. 이성이 감성을 잠재우자 그제야 상황 파악이 됐다. 베란다를 내다보며 신랑의 차를 찾았다. 밤이라 차 안에 커진 불빛이 더욱 환하게 빛났다. 어디로도 갈 수 없었던 신랑과 아이는 내가 괜찮아질 때까지 차 안에서 기다렸던 것이다. 눈물이 하염없이 흘렀다. 슬리퍼를 신고 차까지 가는 시간이 너무나 길게 느껴졌다. 차로 가는 사이에 출발할까 봐 겁이 났다. 차 문을 열자마자 아이를 안고 말했다. "미안하다, 미안해. 엄마가 잘못했어. 엄마

너 없이 못살아."

찬희가 돌 때의 일이다. 밥을 먹다가 도희가 말했다.

"엄마, 근데 왜 찬희를 던졌어요?"

"언제? 엄마가 던졌어? 잘못 봤겠지…."

"아까 나 봤어요. 엄마가 침대에 찬희 던지는 거." 그걸 또 봤네, 봤어. 도희가 문틈으로 보고 있었던 모양이다.

그랬다. 젖을 먹어도 울고 기저귀를 갈아줘도 우는 아이를 달래고 달래다 침대에 살짝 던졌다. 나는 찬희가 다치지 않게 내려놓았다고 변명했다. 도희의 표정을 보니 변명을 받아 주고 싶지 않다는 표정이었다. 부끄럽고 창피했다. 아이가 큰 후에도 뉴스에서 산후 우울증으로 죽고 싶다는 사연을 들으면 조금은 이해가 갔다. 나도 그랬기 때문에.

임신 후 예비 엄마가 되면 우린 무엇을 준비할까?

10년 전, 예비 엄마가 된 난, 병원에서 임산부 증명 서류를 떼고 동사무소에 가서 임산부등록을 했다. 철분제 등, 기본적인 검사를 받기 위해서였다. 태교에 좋다는 것도 알아봤다. 배냇저고리를 만들거나 십자수 등 손가락을 많이 쓰면 배 속 아이의 머리에 좋다 하여 인터넷에서 만들기 재료들을 검색했다. 천의 소재를 일반 면으로 할지 유기농 면으로 할지 한참을 고민해서 겨우 주문을 했다. 하지만 집에서 바느질만 하고 있자니 몸이 무겁고 답답해졌다. 다행히 산부인과에서 무료로 임산부 요가 수업을 개설해 놓은 상태라 검진 가는 길에 접수를 하고 매일 요가를 하며 무료한 일상을 보냈다.

출산일이 5개월 정도 남은 상태일 때의 일이다. 성장 앨범도 알아 봐야 한단다. 태어나지도 않은 아이의 사진 촬영을 예약하고 '출산용 품 리스트'라는 검색어를 인터넷 검색창에 쳤다. 기저귀, 속싸개, 겉 싸개, 손발싸개, 유모차, 카시트, 모빌, 젖병, 손수건, 우주복, 손톱 가 위, 체온계 등 어마어마했다. 파워 블로그 엄마들의 후기를 보며 평 이 좋은 것들을 옮겨 적었다.

기저귀는 일본산이 좋다고는 하지만 그래도 한국 사람인데 한국에 서 제일 비싼 것을 몇 팩만 사놓고 수시로 갈아주게 싼 제품을 여유 분으로 사놓기로 했다. 카시트와 유모차는 베이비페어에 가서 눈으 로 보고 사기로 했다. 체온계를 알아보았다. 요즘도 많이 쓰는 대세 체온계의 가격을 비교하고 있는데 한 분유 회사에서 이벤트를 진행 한다는 광고가 눈에 띄었다.

시중가보다 2만 원 정도 저렴하게 구입할 수 있다는 내용이었다.

"진짜? 눈동자를 열심히 굴리며 노력한 결과의 보상인가 봐."

선착순이라는 세 글자에 마음이 급해졌다. 회원 가입을 해야지만 살 수 있다고 하여 열심히 기재하고 등록 버튼을 누르는 순간 여러 가지 설문조사를 하라는 안내문이 떴다. 슬슬 짜증이 밀려왔지만 싸게 살 수 있다 하니 참고 열심히 항목을 읽어 내려갔다. 드디어 모 든 절차가 끝이 났다. 다행히 선착순 안에 들어 체온계를 싸게 사게 되었다. 동네방네 전화를 하며 자랑을 했다. 그 후 임신 8개월 정도 되었을 때, 분유 회사에서 전화가 왔다. 내가 사는 지역에 우유 회 사가 있었기에 예비임산부만 견학의 기회가 있으니 오라는 내용이 었다. 밥도 주고 우유며 유기제품을 선물로 준다고 한다. 신이 났다. 사은품에 약한 나는, 공짜 선물을 받을 생각에 기분이 들떴다. 우유와 분유가 어떻게 만들어지는지 공장견학을 하고 회사에서 만든 상품들을 맛봤다. 일정은 끝이 났고 난 선물들을 두둑이 챙겨 집으로 돌아왔다.

출산이 임박할수록 마음은 급해졌다. 아직 사지 못한 것들을 파악했다. 유모차는 아이가 태어나면 사려고 했기에 관심 밖이었는데, 공동구매로 아주 싸게 올라온 걸 보니 마음이 흔들렸다. 어차피 살 거니 결제를 했다. 그렇게 10달이라는 동안 물품에 관한 준비만 했다. 배 속의 아이에게 좋다는 것만 샀다. 오로지 나를 위해 한 것이라곤 요가와 먹고 자는 것이 다였다. 그 정도만 준비하면 아이는 잘 자랄 것이고 엄마가 된 나도 예쁘게 화장을 하고 아기 띠를 매고 여행하는 사진을 찍을 수 있을 거라고 생각했다. 현실은 전혀 달랐다. 제일 중요한 것을 준비하지 않았기 때문이다.

바로, 엄마 공부였다.
엄마라는 새로운 인생을 시작하기 전에 배우고 듣고 공부해야 했던 엄마라는 삶에 대한 공부였다. 우린 이것을 놓치고 있는 것이다. 왜 뉴스에서는 부모로서 하면 안 될 행동들의 이야기가 끝도 없이 나올까? 누구도 알려주지 않았고, 알려고 하지 않았기 때문이다.
그래서 내 목표는 꼭 예비 엄마 교실이란 문구를 내걸고 산부인과와 동사무소를 돌며 먼저 엄마가 된 선배들의 이야기로 다른 사람들이 엄마 본인의 삶을 준비하는 것을 도와주고 싶다.

운전면허를 따고 운전자가 되기 위해서는 일단 교통안전 교육을 받

엄마, 세상 밖으로 나가다

고 신체검사를 한다. 학과 시험을 보고 합격 점수로 통과가 되면 기능시험을 보기 위해 학원에 돈을 내고 강사님과 함께 차에 올라타 첫 운전대를 잡고 운전 연습을 한다. 신호대기에 서는 법, S자 코스를 도는 법, 1자 주차 등 상황에 대처하는 법을 배우고 익혀 이수 시간을 다 채워야만 기능 시험에 응시할 수 있다. 그 후 도로주행에 통과하면 운전을 할 수 있는 자격이 주어지는 것이다. 필기에 떨어지면 다시 필기시험을 봐야 하고, 기능시험에 낙제하면 또다시 시험을 봐야 한다. 운전자와 다른 사람들의 생명을 위해서 자격을 주기 전에 의무적으로 시험을 보게 하는 것이다.

요즘 같이 키더런트 같은 부모가 많아지고 있는 시대에 왜 아무도 대책을 마련하지 않고 부모가 되기 위한 규범을 만들지 않는 것일까? 저출산 시대에 태어난 소중한 나라의 보배들을 처참한 고통 속에서 죽어가게 하고, 육아로 인해 가정이 파탄되고, 정상적인 삶을 살지 못하는, 마음의 병을 가진 부모들을 외면하는 것이냐고 묻고 싶다. 그러나 이젠 더 이상 왜 안 해주냐고 투정만 하고 있을 수 없다.

아이가 태어나기 전 의무적으로 부모교육을 받고 상상하지도 못했던 부모라는 삶을 간접적으로나마 경험하게 해야 한다. 배만 부르면 잘 잔다는 환상과 100일이 지나면 기적이 올 거라는 희망 고문 역시 사실 그대로 알려줘야 한다.

"아이마다 달라요. 그러니 책에서 본대로 될 거라 믿지 마세요!"

"우리가 낳았잖아요. 아이 때문에 힘들지만 아이 때문에 행복할 수 있어요!"

"엄마 되기 겁나죠? 육아의 핵심은 아이가 아니라 엄마의 마음과 행복이에요. 할 수 있어요."

"외롭지 않게 혼자 힘들어하지 말아요. 본인을 사랑하고 성장하세요. 내면의 성장이 우울증이 근처에도 못 오게 할 겁니다."

10년 전 의무적으로 부모교육을 받았다면 내 육아의 좌충우돌은 어땠을까? 그때의 고통과 힘듦이 있었기에 계속 고민하고, 자신을 들여다보게 되어 지금의 내가 있지만, 그렇게 되기까지 그 시간이 조금 짧았지 않았을까? 학생 때 가정 수업시간에라도 바느질 수업 시간을 줄이고 엄마에 대한 수업을 들었다면 반항하는 사춘기의 아이들이 엄마의 고마움을 느꼈을 것이다.

고등학교 친구 중 좋은 대학을 나와 서울에 제일 큰 병원에서 약사로 일했던 친구가 있다. 의사와 결혼을 해 지금은 두 아이의 엄마가 되어 내가 겪었던 힘든 시간을 뒤늦게 보내고 있다. 명품 구두를 신으며 결혼업체에서 결혼 상담을 했던 다른 친구도 결혼 후 일을 그만두고 두 아이와 매일 씨름한다. 여자로 태어났으면 결국엔 혼자 살지 않는 이상 엄마가 된다. 결혼 전에 아무리 잘나갔던 아가씨라도 임신을 하고 출산의 경험을 하는 순간, 학벌과 지위와 상관없이 다 똑같아진다. 엄마라는 삶을 아무도 알려주지 않아 현실의 벽에 맞서느라 계속 넘어지고 다치며 살아가는 것이다. 공부를 잘했든, 명품이 많든, 생명을 책임지고 키워내는 엄마가 된다. 이제 그 엄마 되기의 준비과정의 판을 엎어 보자. 출산용품 준비는 조금 덜 하고 엄마 공부를 하게끔 바꿔 보자.

배가 무거워 움직이기 힘든 임산부들을 위해 엄마 선배나 전문가들이 찾아가는 건 어떨까?

찾아가서 단단히 알려 주는 거다. 정신 바짝 차려야 한다고, 아기가 웃는 시간은 단 몇 분도 되지 않는다는 것을!

그것이 가능해지면 산후조리원에 있는 문화센터까지 찾아가야 겠다.

유아교육 준비가 먼저가 아니라고!

그건 나중에 생각해도 늦지 않는다고!

모빌 만들기 시간이라고 하면서 끝에 책자 홍보하고 전화번호 묻지 말라고!

'찾아가는 맞춤형 예비 엄마 교실'

선택이 아니라 필수, 필수에서 의무로.

일단 이것부터 시작하는 걸로!

엄마라면 누구나 오세요

— 엄마의 자존감 성장 연구소 만들기

나는 결혼하고 아이를 낳은 후 자주 외로웠다. 나만 세상 한가운데 뚝 떨어져 아이만 보고 있는 것 같았다. 친정엄마를 엄마만 생각하는 못된 엄마라 단정 지으며 혼자 괴로워하고 미워했다. 잘나가던 내가 이 인간을 만나 고생하느라 예뻤던 얼굴과 몸매가 다 망가진 것 같았다. 의기 소심해진 게 분명했다. 당당히 어깨를 펴지 못하고 움츠린 채 사람들을 만났다. 집에서 무얼 하며 지내야 할지 몰라 방황했고 집 말고는 갈 데가 없는 나 자신이 한심스러웠다. 자존감은 바닥을 쳤다. 친언니라도 있었으면 덜 했을까? 옆집 엄마 말고 딱 한 사람이라도 나의 진정한 엄마 삶의 선배가 있었다면 좋았을 텐데…. 그렇게 엄마라는 삶에서 도망치고 싶었다. 결국엔 책이라는 삶의 변화 도구를 만나 서서히 세상 밖으로 나올 수 있었던 나는, 사명감으로 나와 같은 엄마들을 위로해 주고 다독여 주며 안아 주고 싶어졌다. 조건 없이 누구나 올 수 있는 곳. 엄마들이 기쁨과 슬픔을 마구 이야기할 수 있는 곳을 만들어야겠다고 생각했다. 문을 열고 들어오는 엄마의 눈빛과 몸짓만 봐도 알 수 있을 것 같다. 말하지 않아도 느껴질 것이다. 우린 엄마니까.

엄마, 세상 밖으로 나가다

어느 날, 〈산새〉를 운영하는 수연 언니가 나에게 물었다.

"보라 씨, 〈산새〉 공동대표로 산새 활동가 해볼 생각 있어?"

"예? 제가요? 그 정도 역량이 안 될 텐데요."

그때 난 3월을 맞아 사람들의 긍정에너지를 채워주고 자존감 회복을 위해 '나 표현하기'와 관련된 모임을 진행하기 위해 프로그램을 짜고 있었다. 나의 추진력과 행동력을 옆에서 좋게 보던 언니는 나 같은 엄마들이 어떤 교육을 수료하거나 대학원을 나오지 않아도 자기가 할 수 있고 해보고 싶은 모임, 프로그램 진행을 해 볼 수 있는 장을 마련해 주고 싶었던 차에 산새 활동가를 제의했던 것이다.

이곳에서 내가 나의 역량을 키우고, 많은 엄마와 함께 꿈을 찾고 자존감을 키울 수 있다고 생각하니 그 제의를 그냥 넘기기 어려웠다. 그렇게 내가 진행하는 모임의 공간 대여로 찾아간 곳이 이젠 내게 너무나 특별한 곳이 됐다.

3년 전 〈산새〉의 문을 열었을 때, 앞으로 내가 〈산새〉에서 활동할 거라는 것을 상상이나 할 수 있었을까? 아무런 대가를 요구하지 않으면서 했던 활동들이 좋은 기회를 잡을 수 있는 용기를 준 게 분명하다. 행하는 자와 행하지 않는 자의 삶의 길이 분명히 다르다는 것을 이 일로 통해 난 알 수 있었다.

'엄마의 자존감 성장 연구소'

예전부터 블로그에 내가 만들고자 하는 연구소의 이름을 적어 놓았다. 매번 보다 보니 이제는 정말로 존재하는 것 같다. 항상 어딘가에 소속되고 갈 곳이 있었으면 좋겠다고 생각한 끝에 엄마들의 사랑방을 만들기로 계획을 세웠다.

엄마의 자존감 성장 연구소는 엄마들을 위해 여러 가지를 할 것이다. 내 목표이자 계획은 다음과 같다.

첫째, 사랑방.

에잇, 신랑과 며칠째 냉전 중이다. 어디 일이라도 하러 나가는 거면 갈 데라도 있을 텐데, 갈 곳이라곤 마트나 백화점밖에 없다. 무엇이 문제길래 자꾸 신랑과 부딪히게 되는 걸까? 진짜 내 잘못도 있는 건가? 앞집 엄마는 우리 부부가 사이가 무척 좋아 보인다고 부러워하니, 누구한테 말할 수도 없고 답답하다. 카드나 긁으러 가자! 그렇게 카드값이 쌓이거나, 무료한 일상을 보내는 엄마들이 편하게 문 열고 들어올 수 있는 사랑방이 되어 서로 수다 떨며 소통하고 위로받아 집으로 돌아갔을 때는 저녁밥을 정성 들여 차릴 수 있는 힘을 얻고 갈 수 있는 곳이 된다.

둘째, 상담소.

'책방, 오늘 & 컬러테라피'의 주인인 은실 선생님은 여러 가지 재주가 있다. 특히 책으로 무언가를 잘 꾸민다. 그녀는 책방을 열었을 때 내게 말했다.

"선생님~. 저는요, 심리 상담소는 아니지만, 심리적으로 치유가 필요할 때 책으로 치유할 수 있게 제가 궁리해서 책을 추천해 주는 그런 책방을 하고 싶어요."

"와! 심리상담을 하고 약을 처방하는 게 아니라 책을 처방하는 것이면 내가 먼저 받고 싶다. 그런 책방 있으면 대박이겠어. 나랑 같이 하자. 엄마의 자존감 연구소에 오시는 엄마들에게 꼭 필요한 것 같아! 나중에 책방을 내 연구소에서 하고 싶으면 해도 되니깐 어디 갈 때 없으면 꼭 와"

사실 내 마음은 갈 데 없으면 오는 게 아니라, 연구소가 정식으로 만들어지는 날 '책방, 오늘 & 컬러테라피'의 책장이 연구소 안에 자리 잡은 모습을 머릿속에 그리고 있다. 그리고 색채로 상담을 하고 싶은 또 다른 그녀, 수민 선생님의 도움도 받아 여러 가지 상담이 가능한 상담소를 만드는 게 내 두 번째 계획이다. 의학적 심리상담가 자격증은 없지만, 엄마들이 할 수 있는 재능을 살려 인정받고 수다에서 상담으로 이어지는 상담소가 되는 것이 목표다.

셋째. 독서모임.

세 번째 목표는 엄마들의 내적 성장을 돕는 독서 모임을 만드는 것이다. 책을 처음 읽기 시작하는 엄마들에게 책을 삶 속에 스며들게 도와주는 일을 하거나, 정기적으로 모임을 만들어 책과 함께 성장해 나가는 것이다.

필사 모임, 낭독 모임, 글쓰기 모임 등 관심 있는 모임에 편하게 참석하여 책과 함께 사는 것을 같이 할 수 있게 영향력 있는 독서모임을 만들어 엄마 책 읽는 육아를 퍼트리고 싶다. 엄마 성장, 엄마 공부 이것이 행복한 엄마와 아이의 마법 열쇠이기 때문이다. 그리고 '그림책으로 철학하기'라는 모임을 활성화시킬 것이다. 아이들에게만 읽어 줬던 동화책을 가지고 엄마들이 동화 속 삶의 교훈을 찾아 질문을 던지는 것이 이 모임의 특징이다. 각자 어떤 생각이 드는지, 그것을 질문화시키는 과정을 통해 우리는 평소에 깊이 생각해 보지 못한 것을 생각하고, 함께한 모임구성원들과 의견을 나누는 것이다. 나와 다른 생각을 들으면서 반성하기도 하고 해답을 얻으며 삶의 지혜를 조금 더 빨리 얻게 되는 좋은 독서모임을 알리는 데 앞장서는 곳이 될 것이다.

넷째, 토론의 장소.

하나의 주제를 정한다. '열정'이라는 주제가 정해지면 그것에 관련된 추천 도서를 권장해 보기도 하고 책을 읽지 않더라도 본인의 평소 생각을 정리해 사람들 앞에 부끄러움 없이 말할 수 있는 연습의 장을 열고 싶다. 자신감이 없어, 사람들 앞에만 서면 작아지는 사람들에게 나를 표현하고 나를 내세울 수 있는 곳. 그런 곳이 바로 엄마의 자존감 성장 연구소가 될 것이다.

다섯째, 엄마들의 재능을 펼칠 수 있는 세상.

나는 손재주가 좋지 않다. 바느질은 버리기 아까운 옷에 구멍이 나거나 실밥이 터질 경우가 아니면 하지 않는다. 목도리도 끝까지 완성해 보질 못했다. 하지만 엄마들 중에는 바느질을 잘하거나 뜨개질을 잘하는, 손재주가 좋은 사람들이 많다. 소나기 프로젝트 형식으

엄마, 세상 밖으로 나가다

로 강좌를 열어 수강비를 받고 엄마들의 용돈을 벌 수 있는 작은 사회를 만들어 주고 싶다. 어디 가서 재능만 가지고 돈 벌 수 있겠냐 하지만, 잘할 수 있는 것을 취미로 끝나지 않고 일로써 접하다 보면 엄마의 자존감이 상승하는 효과를 볼 수 있게 된다. 이런 프로젝트를 아무 조건 없이 할 수 있는 곳. 영어를 잘해도 좋고 선물 포장을 잘해도 좋다.

이런 곳이 있다면 가고 싶지 않은가?

나는 이처럼 내가 가고 싶었던 공간을 상상으로 그치는 것이 아니라 직접 만들고 꾸려나가 나도 함께 성장하고 싶다. 여러분이 사는 동네에도 엄마들을 위한 공간이 많아질 거라 확신한다. 누가 가르쳐 주지 않아도 본인 스스로 엄마로서의 삶을 살면서 성장한 평범한 엄마들이 전국에 넘쳐나고 있기 때문이다. 서점에 가보자. 육아에 대한 해답보다 육아의 경험에서 얻은 교훈과 생각의 책들이 서서히 많아지고 있다. 이런 책들의 작가들이 진짜 평범한 애 키우는 엄마들이다. 유명한 베스트셀러 작가가 아니다. 이제 사람들은 비슷한 인생을 살아가는 평범한 사람들의 이야기에 목마르다. 그렇기에 그 평범한 엄마들이 모여 서로 서로에게 용기를 주고 위로해 주면, 슬픔은 반으로 줄고 기쁨은 10배로 커질 것이 분명하다.

물론 처음부터 잘될 거라 확신할 수 없다. 하지만 나의 열정으로 꿈을 꼭 이룰 것이다. 나는 이제 나를 믿는다. 나의 좋은 점을 끄집어 내고 부족한 점은 소중한 사람들과 함께 이겨낼 수 있다 확신한다. 좋은 영향력이 있는 사람들이 주위에 많다는 것이 나의 가장 큰 무기이기 때문이다.

우연과 필연은 결코 그냥 내 삶에 오는 것이 아니다. 그것은 그동안 내가 살아온 움직임의 결과이다.

사람이 답이다. 그 사람 속에 엄마들이 있다. 엄마들의 파워가 얼마나 강한지, 아이를 키우면서 생긴 내공과 깡다구를 난 믿는다.

> "여러분과 리무진을 타고 싶어 하는 사람은 많겠지만, 정작 여러분이 원하는 사람은 리무진이 고장 났을 때 같이 버스를 타 줄 사람입니다."
> — 오프라 윈프리(Oprah Gail Winfrey, 1954년~)

이제 난 리무진이 고장 난 여러분과 함께 버스에 올라탈 것이다. 함께하다 보면 분명 나뿐만이 아닌, 더 많은 사람이 여러분과 함께할 것이니 외로워하지 말자.

엄마, 세상 밖으로 나가다

마치는 글

한 번도 책을 쓰지 않았던 엄마가 세상의 많은 사람과 소통하고 싶어 책을 썼다.

'누구나 다 그렇게 사는 건데 그걸 못 참고 자책하고 힘들어 하나' 라고 생각할 수도 있다.

많은 사람이 자기의 주관대로 생각하고 판단한다.

나는 10년 동안 엄마로서 살아왔던 기간 동안에 느낀 육아에 대한 고충과, 벗어날 수 없는 '엄마'라는 직업에서 어떻게 적응을 하고 살아남았는지에 대해 있는 그대로 썼다. 진실하게 쓴 내 삶의 이야기에 특별함이 없다 하더라도 온전히 한 권을 책을 쓴 나 자신에게 박수를 보낸다.

아이들에게 엄마가 책을 쓴다고 말했다. 너희들이 태어나 엄마로 살게 해줘서 엄마가 책을 쓸 수 있게 됐다고 말하고, 고맙다며 아이들을 안아줬다. 엄마도 유명해지냐고 놀라는 아이들은 그 후로 내가 글을 쓰기 위해 노트북 전원을 켜고 의자에 앉을 때마다 엄마를 최대한 배려하고 새로 도전하는 작가의 길을 응원해 줬다. 아마 가족의 배려가 없었으면 절대 해내지 못할 일이었다.

온전히 내 시간이었던 새벽에 글을 썼다. 엄마가 옆에 없어 잠에서 깨던 아이는 엄마를 한 번 부르더니 엄마의 대답을 듣고 다시 잠이 들었다. 처음 시작할 때 애 키우며 글을 쓴다는 게 가능한가 싶었다. 그러나 안 되는 것은 없었다. 못 하는 것이 아니라 안 하는 것이었다. 오히려 아이들이 더 잘해 주었다. 그 모습에 힘이 났다.

"도희야, 찬희야! 너희들이 없었다면 엄마가 작가가 되지 못했을 거야. 우리, 예전에 서로 참 많이 힘들었지? 너희가 커서 엄마를 어떻게 이야기할지 모르겠지만, 늦게나마 자신의 삶을 즐기며 사는 사람이자, 너희들이 사랑하는 사람으로 이야기했으면 좋겠어. 엄마의 일을 존중해 주고 인정해줘서 고마워. 앞으로도 함께 사랑하며 살자."

며느리가 교육이 있을 때마다 아이들을 봐주시고 새벽 일찍 일어나 따뜻한 밥을 차려주신 시부모님께 감사함을 전한다. 며느리의 삶을 응원하고 물심양면으로 도와주신 마음을 잊지 않을 것이다.

멀리 계신 친정 부모님! 늘 그리운 나의 아빠, 엄마.
부모님을 원망했던 나, 그것이 거짓 기억 증후군처럼 나 스스로 원망을 합리화시킨 결과였다는 것을 글을 쓰며 한 번 더 알게 되었다. 거짓을 기억하고 합리화시켰다는 결론이었다. 나를 이 세상에서 살아갈 수 있도록 해주신 제일 첫 번째로 고마운 분들, 딸의 인생에 누가 될까 봐 항상 열심히 사는 친정 부모님께 용서와 감사를 함께 전한다.

엄마, 세상 밖으로 나가다

그리고 제일 중요한 상근 씨에게 감사한다. 오랜만에 상근 씨라 불러 본다.

"늘 나를 걱정하는 당신. 사랑이 어느새 걱정으로 변해 화를 잘 내는 당신이지만, 속마음을 잘 알기에 잔소리를 걸러 들을게. 교육가거나 글 쓸 때 나만의 자유시간을 많이 줘서 고마웠어. 당신의 내조가 없었다면 지금의 내가 없었을 거야."

내가 썼지만, 이건 아니다 싶다. 그냥 도와줘서 고맙다고 할 걸 그랬다. 이렇게 말해도 항상 고맙고, 사랑한다고 전하고 싶다.

책을 쓰면서 자신감이 줄어들 때마다 용기를 북돋아 주고 응원해 준 많은 이에게 감사하다.

책이 세상의 빛을 보게 도와주신 ㈜북랩 출판사와 긍정에너지를 함께 채우고 나누는 내 소중한 사람들에게 감사함을 전한다.

마지막으로,

이 땅의 자존감이 바닥인 엄마들에게 용기를 주고 싶다.

아이를 공부시키려고 하지 말고, 엄마가 공부하고 엄마 본인을 성장시켜 보자.

혼자 할 수 없을 것 같으면 일단 나가보자. 마트가 아닌 다른 곳 말이다.

제대로 된 가출을 해 보길 바란다. 얼마나 짜릿하고 중독되는지를 느끼게 될 것이다!

마지막으로, 오늘도 고생한 나 자신을 두 팔로 감싸안고 스스로 토

닦여 보자. 그리고 이렇게 말해 주자.

"사랑해. 있는 그대로의 너를 사랑해."
"넌 충분히 너의 삶을 리더로 살아갈 수 있어."라고.

엄마, 세상 밖으로 나가다